Peter Lay

Emil Johannes Pfautsch

Seine Erfindungen

Impressum:
© Copyright by Emil Johannes Pfautsch, Peter Lay
Germany, 20.08.2022

Alle Rechte vorbehalten, darunter fallen auch die Verwertung der Erfindungen, Übersetzungen und die Speicherung in elektronischen Datenverarbeitungsanlagen. Die Rechte an diesem Buch liegen bei Herrn Emil Johannes Pfautsch und Peter Lay. Die Rechte an den Erfindungen liegen ausschließlich bei Herrn Emil Johannes Pfautsch.

Herstellung und Verlag: BoD – Books on Demand, Norderstedt
ISBN: 9783734755019

Vorwort

Es ist schon gut 20 Jahre her, als ich eines Tages einen handgeschriebenen Brief erhielt. Der Absender war mir damals noch völlig unbekannt. Weil ich geschäftlich viel zu tun hatte konnte ich nicht gleich antworten. Doch Herr Emil Johannes Pfautsch schrieb mir immer und immer wieder. Er wollte Gehör finden und ernst genommen werden unter Kollegen. Wir haben seither immer wieder durch respektvolle Kommunikation unsere gegenseitigen Gefühle ausgetauscht. Fachsimpeln auf unterschiedlichem Gebiet war auch immer ein wesentlicher Bestandteil.

Er wurde, wie viele andere Erfinder auch, von seinem Umfeld meist abgelehnt, gehaßt und verstoßen. Nur wenige gaben sich die Mühe, ihm zur Seite zu stehen und ihn zu stärken. Die meisten Menschen kennen ihn nicht. Wer ihn sieht oder an ihm vorbei geht, weiß nichts über ihn, sein Leben und seine Arbeit. Er hat schon sehr viel Leid durchgemacht und es scheint kein Ende zu nehmen. Dennoch tüftelt er immer neue Technologien aus, die dem Wohle der Menschheit dienen sollen. Beim Patentamt hat er schon 27 Erfindungen eingereicht. Allein das spricht für seinen Intellekt.

Wie alle Erfinder, so war auch er daran interessiert, seine geistigen Werke in die Praxis umzusetzen und zu vermarkten. Die Menschheit und die Umwelt sollte von seinen Ideen profitieren. Wie alle Erfinder, so hat auch der liebe Herr Emil Johannes Pfautsch in dieser Hinsicht mit dem gleichen Problem zu kämpfen: Wie findet man Interessenten und Unternehmen, die an den Erfindungen interessiert sind? Einfach ist das nicht.

In einem ersten Schritt schrieb ich vor einigen Jahren seine Biographie (siehe ganz hinten). Nun habe ich mich bereit erklärt, ein weiteres Buch zu seines Gunsten zu schreiben, ein Buch über alle seine Erfindungen.

Sämtliche 27 Erfindungen des Herrn Emil Johannes Pfautsch, die beim Deutschen Patentamt hinterlegt sind, sind nachfolgend aufgelistet. Da es sich hierbei um einen Faksimiledruck handelt kann die Druckqualität nicht besser sein wie die Originale. Mögliche Qualitätseinbußen möge die Leserschaft deshalb bitte nicht bemängeln.

Ganz im Sinne des Erfinders, Herrn Emil Johannes Pfautsch, wünsche ich der Leserschaft, daß sie den größtmöglichen Nutzen aus seinen Werken ziehen möge. Wer Interesse an den Erfindungen oder gar an deren Vermarktung hat, möge bitte Kontakt mit dem Erfinder aufnehmen.

Frankfurt am Main, den 20.08.2022
Peter Lay, PhD

**„Die Würde des Menschen ist unantastbar.
Sie zu achten und zu schützen ist Verpflichtung aller staatlichen Gewalt."**
Deutsches Grundgesetz, Artikel 1.

(19) **BUNDESREPUBLIK DEUTSCHLAND**

DEUTSCHES PATENTAMT

(12) **Offenlegungsschrift**

(11) **DE 3404090 A1**

(51) Int. Cl. 3:
F 01 K 21/00
F 22 B 1/00

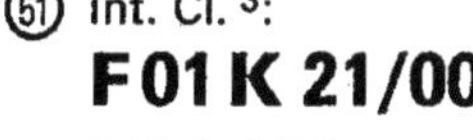

(21) Aktenzeichen: P 34 04 090.0
(22) Anmeldetag: 7. 2. 84
(43) Offenlegungstag: 4. 4. 85

Mit Einverständnis des Anmelders offengelegte Anmeldung gemäß § 31 Abs. 2 Ziffer 1 PatG

(71) Anmelder:

Pfautsch, Emil, 5620 Velbert, DE

(72) Erfinder:

gleich Anmelder

(56) Recherchenergebnisse nach § 43 Abs. 1 PatG:

DE-OS 25 38 555

Prüfungsantrag gem. § 44 PatG ist gestellt

(54) Dampfmotor mit Redoxfeurung

In einer Reaktionskammer läßt man Eisenoxyd mit fein-gemahlenem Koks reagieren. Die entstehende Wärme bringt Wasser, das eingespritzt wird, zum Verdampfen. Dieser Dampfdruck wird einem Dampfmotor zugeleitet, der einen kreisförmig sich bewegenden Kolben besitzt. Zur Kopplung zwischen Dampfmotor und Fahrzeugteilen wird eine elektrodynamische Kupplung verwendet.

<u>Patentansprüche</u>

1) Dampfmotor mit Redoxfeuerung, bestehend aus einem Dampferzeuger und Dampfmotor, dadurch gekennzeichnet, dass der Dampferzeuger aus einer Hohlkugel besteht, in dieser Hohlkugel findet die chemische Redoxreaktion statt, nämlich Eisenoxid gibt Sauerstoff ab und wird reduziert, der Kohlenstoff des Kokses wird zu Kohlendioxid oxidiert. Die dabei enstehende Wärme bringt das auf ein Wolfram- drahtnetz gespritzte Wasser zum Verdampfen.

2. Dampfmotor nach Anspruch 1, dadurch gekennzeichnet, dass in einem zu einem Ringwulst gebogenen Zylinder zwischen Schieber und Kolben ein Dampfraum gebildet wird. Steht der Kolben vor dem Schieber , so muss der Schieber herausgezogen werden, dies geschieht durch eine Nockensteuerung, nun kann der Kolben passieren und es wird, nachdem der Schieber wieder eingeführt wurde, wieder ein Dampfraum zwischen Schieber und Kolben gebildet. Es wird ein beidseitig wirkender Kolben benutzt, so dass zwei Dampfräume gebildet werden. In dem Augenblick , in dem der Schieber gezogen wird, wird die Dampfzufuhr durch ein Ventil gedrosselt. Nachdem wieder Dampfräume gebildet sind, wird das Ventil zur Dampfzu- fuhr wieder geöffnet.

3. Dampfmotor nach Anspruch 2, dadurch gekennzeichnet, dass zur Kopplung des Dampfmotors an die Antriebsteile des Fahrzeuges eine Elektro- dynamische Kupplung verwendet wird.

4. Dampfmotor nach Anspruch 1 bis 3 dadurch gekennzeichnet, dass zur Rückgewinnung der Bremsenergie Heizstäbe in einer wärme- speichernden Masse , die durch die Inducktionsströme die in der elektro- dynamischen Kupplung erzeugt werden, während des Bremsvorganges aufgeheizt werden.

5. Dampfmotor nach Anspruch 1 bis 4 dadurch gekennzeichnet, dass zur Steuerung der Bremswirkung der elektro-dynamischen Kupplung eine Thyristorregelung verwందet wird.

Titel: Dampfmotor mit Redoxfeuerung

Gattung

des Anmeldegegenstandes: Die Erfindung betrifft einen

Dampfmotor zum Antrieb von

Fahrzeugen aller Art.

Angaben zur Gattung: Die Maschine soll es möglich

eine Umweltfreundliche Dampfmaschine

zum Antrieb von Fahrzeugen zu ver-

wenden.

Stand der Technik: Es gibt bereits Dampfmotoren, aber

wegen der räumlichen Grösse der

Baueinheiten ,nämlich Kessel und

Feuerung ~~ist~~ sind diese Motoren

nur Stationär verwendbar.

Kritik des Standes

der Technik: Wegen der Grösse der Baueinheiten sind

diese Motoren nur stationär verwendbar.

Ausserdem hat die Feurung einen hohen

Schornsteinverlust und es endstehen Stick-

oxyde weil Aussenluft zur bereitstellung

des zur Verbrennung nötigen Sauerstoffes

verwendet wird.

Aufgabe.. Es ist der Dampfmotor so zu verbessern das

die Baueinheiten Kessel und Feuerung reduziert

werden , auserdem ist der Thermische Wirkungs-

grad zu verbessern.

Lösung: Diese Aufgabe wird erfindungsmässig dadurch

gelösst,dass man keine Aussenluft verwndet.

Sondern ein Oxydationsmittel das den Sauerstoff

iliefert.Das Wasser das verdmpft wird spritzt

man in die Feuerung auf ein Wolframdrahtnetz.

Erzielbare Vorteile: Dadurch das man ein Oxydationsmittel

verwendet fällt der Schornsteinverlust fort.

Auserdem ist die Verbrennung Umweltfreundlich

es endstehen ,keine Stickoxyde.Der Kessel fällt

ebenfalls fort.

Die Erfindung wird anhand von einen Ausführungsbeispiel
erlätert in einer Zeichnung . IN der Zeichnung zeigen:
Fig1 eine schematische Darstellung eines Ausführungs-
beispiels der Erfindung.
Die in Fig1 verwendeten Bezugszeichen haben folgende
Bedeutung:
1Heizstäbe zur Bremsenergie-Rückgewinnung
2Ausenschale des Dampferzeugers
3erste Innenschale des Dampferzeugers
4zweite Innenschale
5Dampfrohr
6Wassertank
8Wasserpumpe
9Aschepumpe
10Oxydationsmitteltank
11 Brennstofftank
12Steuernocken
13 Dampfkolben
14 15,16 Schieber
!/17Stator
18 Läufer
20 Wolframdrahtnetz
21 Ausenschale des Dampferzeugers
22 Innenschale des Dampferzeugers
23, 24,25,26, 27 Ventile

Wie aus Fig1 hervorgeht besteht die Maschine aus:
1.Den Dampferzeuger
2.Den Bremsenergierückgewinnungsdampferzeuger
3.Die Elektrodynamische Kupplung zwischen Dampfmotor
   und Antriebsorganen des Fahrzeuges.
   4. Der Dampfmotor
   5. Die Thyristorsteuerung um den Kopplungsgrad
   zwischen Dampfmotor und Antreibsteilen des Fahrzeuges
   zu varieren.
   Der Dampferzeuger besteht zunächst aus einer Hohlkugel
   in dieser Hohlkugel befindet sich eine weitere Hohlkugel
   Der Zwischenraum von der ersten zur zweiten Hohlkugel

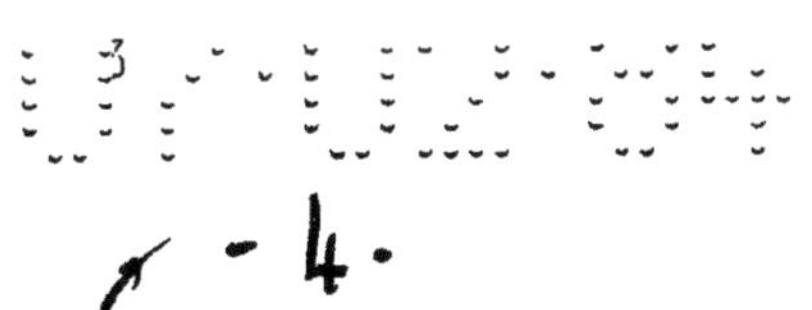

ist luftleergepumpt. Im Inneren der zweiten Honlkugel
befindet sich eine Schale mit feuerfesten Material.
In diese Schale wird zunächst etwas Brennstoff der aus
feingemahlenen Schwefelarmen Koks besteht gegeben.Dann
wird Oxydationsmittel(Eisenoxyd) zugegeben. Diese Misch-
ung wird über einen Lichtbogen der sich zwischen den
beiden Elektroden ausbreitet gezündet. Das Oxydationsmittel spaltet Sauerstoff ab und wird reduziert. Das
Kokspulver wird zu Kohlendioxyd oxydiert. Man braucht
für diese Feuerung keine Außenluft und der Schornsteinverlust der sonst üblichen Feuerung fällt weg.Die entstehende Wärme bringt das Wasser das auf ein Wolframdrahtnetz gesprüht wird sofort zum verdampfen.Der Dampf
und die Verbrennungsgase erzeugen Druck dieser wird einen
Dampfmotor zugeleitet. Wenn der Brennstoff verbrannt
ist so werden die Rückstände mittels einer Pumpe ab-
gesaugt.Der Dampfmotor hat die Besonderheit das der
Kolben sich auf einer Kreisbahn bewegt. Der Zylinder
des Dampfmotors hat die Form eines Ringwulstes (Autoreifen).
Im Hohlraum des Wulstes befindet sich der Kolben. Zunächst wird zwischen Kolben und den Schieber ein Dampfraum gebildet.Es sind zwei Schieber vorhanden und ebenfalls zwei Dampfräume.Der Druck des Dampfes drückt den
Kolben fort,und er macht eine Drehbewgung. Ist der Kolben
an den Schieber angelangt so wird dieser durch eine
Nockensteuerung herausgedrückt, und der Weg ist frei
für den Kolben.Hat der Kolben den Schieber passiert
so wird er wieder eingführt und bildet wieder einen
Dampfraum. Der verbrauchte Dampf verlässt auf der anderen
Seite des Kolbens den Dampfzylinder. Dieser Abdampf
hat eine gewisse Wärmekapazität dies wird ausgenutzt
indem man den Abdampf durch das Speisewasser leitet
und dieses dadurch vorwärmt.Mit den Dampfmotor gekoppelt
ist die Elektrodynamische-Kopplung. Der STator der
Maschine wird angetrieben vom Dampfmotor. Der Läufer
der Maschine ist mit den Fahrzeugteilen verbunden.
Dreht sich nun der Stator so werden in den Windungen
seiner Wicklung Feldlinien gs geschnitten dies hat eine
Spannung zur Folge, wenn der Stator kurzgschlossen
über den Kontaktist, so fliest ein kräftiger Strom.Dieser

3404090

induzierte Strom baut ein kräftiges Magnetfeld auf, das
den Läuferfeld entgegengerichtet ist.Der Läufer wird
mitgenommen. Gesetzt der Fall das Fahrzeug fährt eine
längere Strecke bergab, so wird der Dampfmotor still-
gesetzt und damit auch der Stator.Der Läufer bewegt
sich und induziert ein Magnetfeld im Stator. Das Feld
des Stators bremst den Läufer ab.Die Stärke der Bremswirkung kann man dadurch regeln, indem man den Widerstand
der Tyristorsteuerung verändert.Die Bremsenergie ist
nicht verloren sondern sie heizt die Heizstäbe des
Dampferzeugers auf. Um die Heizstäbe ist wärmespeicherndes
Matreial angeordnet.Die ens endstehende Wärme wird
dazu benutzt um in den Wassermantel der sich um den
Kern des Dampferzeugers befindet Dampf zu erzeugen.
Dieser Dampf steht wiedee den Dampfmotor bei Bedarf
zur Verfügung.Die Vorteile dieser Maschine sind:
guter Wirkungsgrad
geräuscharm
hohe Lebensdauer
Umweltfreundlich
ein Schaltgetriebe fälltfort
Die Verwendung der Erfindung ist gedacht für Fahrzeuge
aller Art,sowie Kraftwerke
Das Eisenoxyd wird während der Reaktion in der Brenn-
kammer zu Eisen reduziert, dieses Eisen kann unter
Energieabgabe wieder zu Eisenoxyd oy oxydiert werden.

    Zusammenfassung
In einer Reaktionskammer lässt man Eisenoxyd mit
feigemahlenen Koks reagieren. Die endstehende Wärme
bringt Wasser das eingespritzt wird zum verdampfen.
Dieser Dampfdruck wird einen Dampfmotor zugeleitet
der einen kreisförmig sich bewegenden Kolben besitzt.
Zur Kopplung zwischen Dampfmotor und Fahrzeugteilen
wird eine Elektrodynamischekupplung verwendet.

- Leerseite -

- 7 -

Nummer: 34 04 090
Int. Cl.³: F 01 K 21/00
Anmeldetag: 7. Februar 1984
Offenlegungstag: 4. April 1985

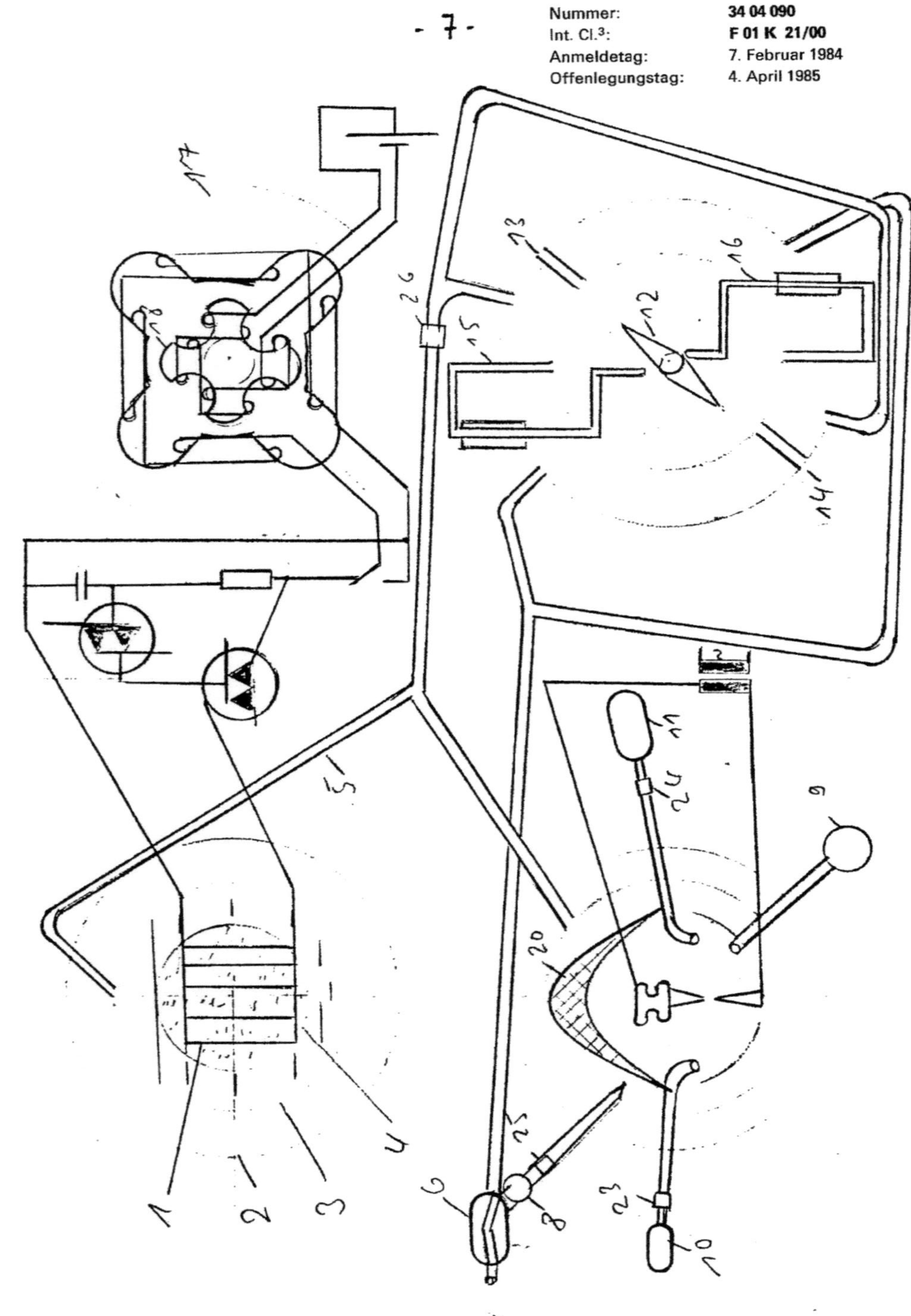

(19) BUNDESREPUBLIK DEUTSCHLAND

DEUTSCHES PATENTAMT

(12) **Offenlegungsschrift**

(11) **DE 3600195 A1**

(51) Int. Cl. 4: **H 02 K 44/00** F 03 B 13/14

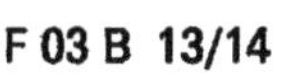

(21) Aktenzeichen: P 36 00 195.3
(22) Anmeldetag: 7. 1. 86
(43) Offenlegungstag: 4. 12. 86

DE 3600195 A1

Mit Einverständnis des Anmelders offengelegte Anmeldung gemäß § 31 Abs. 2 Ziffer 1 PatG

(71) Anmelder:
Pfautsch, Emil, 5620 Velbert, DE

(72) Erfinder:
gleich Anmelder

Rechercheantrag gem. § 43 Abs. 1 Satz 1 PatG ist gestellt

(54) Meereswellengenerator

In einem U-förmigen Dauermagneten läßt man die Meereswellen sich ausschwingen.
Die in der Welle induzierten Kurzschlußströme beeinflussen das Feld des Dauermagneten, dadurch werden in der Wicklung Spannungen induziert. Bei angeschlossenem Verbraucher fließen Ströme und es kann eine Leistung abgezapft werden.

DE 3600195 A1

3600195

Patentansprüche

Meereswellengenrator dadurch gekennzeichnet das man durch einen
U-förmigen Dauermagneten die Meereswellen passieren lässt.
Die induzierten Kurzschlusssströme schwächen das Feld des
Dauermagneten.
An der Wicklung des Magneten kann eine Leistung abgezapft werden.

Titel: Wellengenerator zur Nutzung der Bewegungsenergie der
       Meereswellen

Gattung des
Anmeldegegen-
standes: Die Erfindung betrifft einen elektrischen Generator
        der die Bewegungsenergie der Meereswellen in elekt-
        rische Energie umwandelt.
Stand der
Technik: Es gibt mechanische Vorrichtungen mit Schwimmern
          und dergleichen die, die Bewegungsenergie der
          Wellen ausnutzen und einen Geneator antreiben.
Kritik des
Standes der Technik:Durch die vielen beweglichen Teile
          entsteht eine komplizierte Mechanik die auch
          sehr störanfällig ist.
Aufgabe: Der Erfindung liegt die Aufgabe zugrunde die An-
         lage zu vereinfachen und störungsunanfälliger
         zu machen.
Lösung: Diese Aufgabe wird erfindungsmässig dadurch ge-
        lösst, das man die Welle in dem starken Feld
        eines U- förmigen Dauermagneten sich ausschwingen
        lässt.
Erzielbare
Vorteile: Mit der Erfindung erzielbaren Votoile liegen
          darin, das man keine komplizierte Mechanik
          mehr benötigt. Der Generator hat keine be-
          weglichen Teile.

Beschreibung von einen Ausführungsbeispiel.
Ein Ausführungsbeispiel ist in der Zeichnung dargestellt
und wird näher beschrieben.

Es zeigen:1=Spule 2=Führungsebene 3- Dauermagnet 4= Kurz-
          schlussmembranen 5=Kurzschlussleitung

In einen U-förmigen Dauermagneten befindet sich eine Führungsebene
In dem Mittelteil des Magneten befindet sich eine Wicklung.
Rollt die Welle über die Führungsebene durch das Feld des Dauer-
magnetenso werden von den Wasserteichen Feldlnieen gesxchnitten.
Salzwasser ist ein Leiter. Deshalb verursacht die indutierte
Spannung die durch die Kurzschlussmembranen kurzgeschlossen ist
einen kräftigen Kurzschlusstrom.
Dieser baut ein Feld auf, das dem Feld des Dauermagneten entgegen-
gerichtet ist und dieses schwächt.
Diese Feldänderung verursacht in der Wicklung eine Spannung, bei
angeschlossenen Verbraucher fiesst ein Strom.
Nachdem die Welle das Magnetfeld passiert hat.,baut sich das
Feld des Dauermagneten wieder auf.
Ein erneuter Stromstoss in der Spule ist die Folge.
An der Spule kann eine elektische Leistung abgenommen werden.

- 4 -

- Leerseite -

Nummer: 36 00 195
Int. Cl.⁴: H 02 K 44/00
Anmeldetag: 7. Januar 1986
Offenlegungstag: 4. Dezember 1986

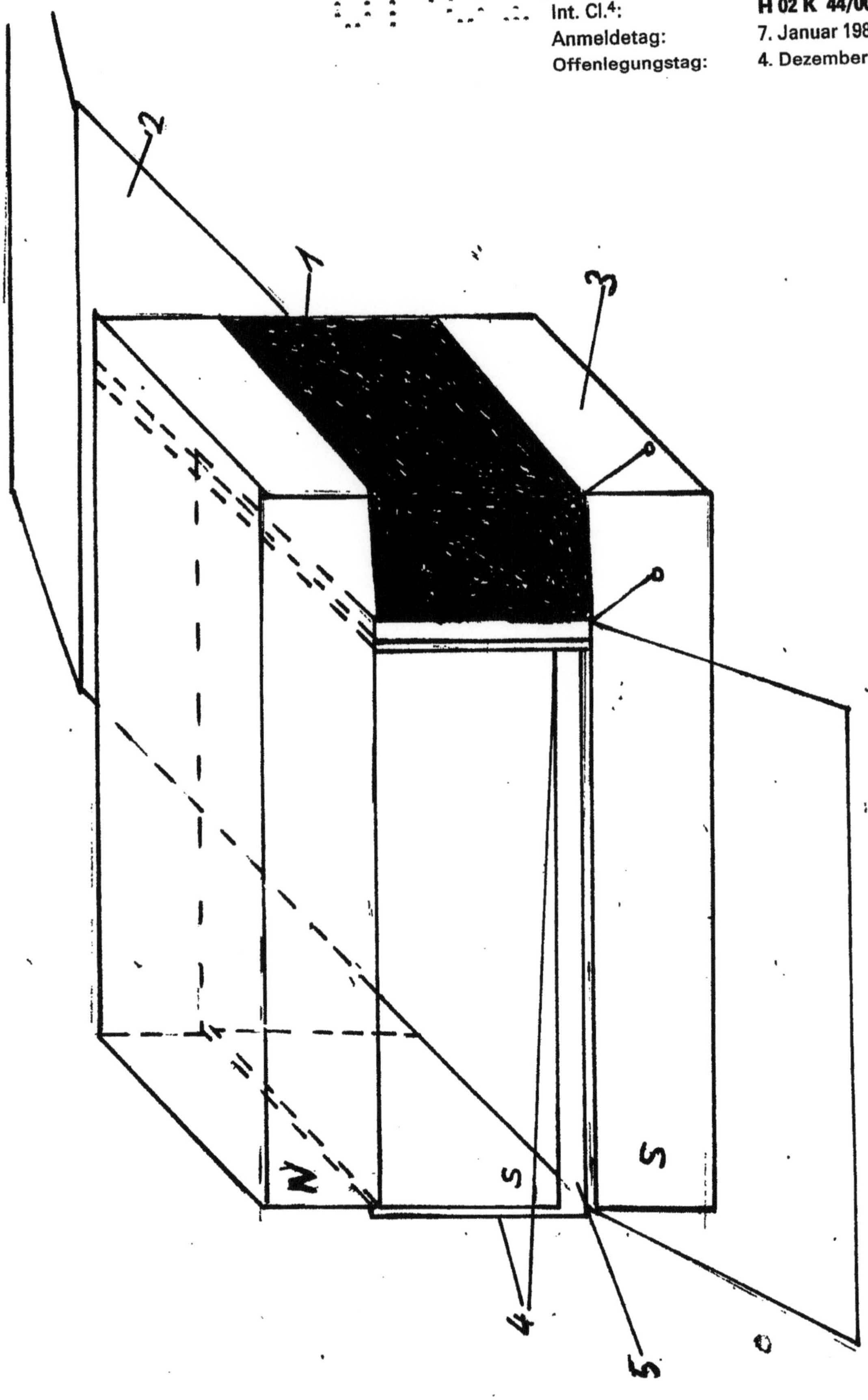

⑲ **BUNDESREPUBLIK DEUTSCHLAND**

DEUTSCHES PATENTAMT

⑫ **Patentschrift**

⑪ **DE 3600194 C2**

⑤ Int. Cl. 4:
F02B 75/32
F 02 B 45/02

㉑ Aktenzeichen: P 36 00 194.5-13
㉒ Anmeldetag: 7. 1. 86
㊸ Offenlegungstag: 26. 2. 87
㊺ Veröffentlichungstag
der Patenterteilung: 8. 9. 88

DE 3600194 C2

Innerhalb von 3 Monaten nach Veröffentlichung der Erteilung kann Einspruch erhoben werden

⑦③ Patentinhaber:

Pfautsch, Emil, 5620 Velbert, DE

⑦② Erfinder:

gleich Patentinhaber

㊻ Für die Beurteilung der Patentfähigkeit
in Betracht gezogene Druckschriften:

DE-PS 7 49 363
DE-PS 52 479

㊴ Selbstzündende Brennkraftmaschine mit hydraulischer Kraftübertragung

DE 3600194 C2

1

Patentansprüche

1. Selbstzündende Brennkraftmaschine mit zwei senkrecht stehenden Zylindern, in denen durch einen ersten Kurbeltrieb verbundene Kolben mit dem Druck des Verbrennungsgases beaufschlagt sind, wobei die Kolben mit in den Zylindern stehenden Öl-Säulen zuammenwirken, **dadurch gekennzeichnet, daß**

— die Arbeitskolben (5) einen erheblich geringeren Durchmesser als die Zylinderbohrungen aufweisen und von einen Ölfilm, der durch die Ölsäulen gebildet wird, umspült sind,
— Kolben (5) eines zweiten Kurbeltriebes von den unter dem Verbrennungsdruck stehenden Öl-Säulen beaufschlagt sind, und
— die beiden Kurbeltriebe zur Synchronisierung von Kolben- und Öl-Säulen-Bewegung mit einer Koppeleinrichtung verbunden sind.

2. Selbstzündende Brennkraftmaschine nach Anspruch 1, dadurch gekennzeichnet, daß die Koppeleinrichtung durch Schubstangen gebildet ist.
3. Selbstzündende Brennkraftmaschine nach Anspruch 1, dadurch gekennzeichnet, daß die Koppeleinrichtung durch ein Kegel- und Tellerrad-Getriebe gebildet ist.

Beschreibung

Gattung des Anmeldegegenstandes

Die Erfindung betrifft eine selbsthemmende Brennkraftmaschine für feste sowie flüssige Brennstoffe.

Angaben zur Gattung

Die Maschine soll es möglich machen, das wesentlich preiswertere Brennstoffe, nämlich Steinkohle, Braunkohle, Holz, kurz alle brennbaren Stoffe zur mechanischen Energiegewinnung zu benutzen.

Stand der Technik

Nach dem Stand der Technik, wie er aus der DE-PS 52 479 hervorgeht, ist es schon bekannt, vor den Arbeitskolben ein Puffer aus einer Flüssigkeit zu legen. Außerdem gibt die DE-PS 7 49 363 eine Lösung des Problemes des zu starken Verschleißes des Feststoffmotores an, indem man den Zylinder u-förmig ausbildet, vor den Arbeitskolben wieder einen Puffer aus Wasser oder Öl legt, nur mit dem Unterschied, daß in den Explosionsraum ein Schwimmer ragt, der dünner ist, als die Zylinderwand.

Kritik des Standes der Technik

Dadurch, daß der Schwimmer nur durch sein eigenes Gewicht während eines Arbeitstaktes des Kolbens im Rhythmus der Ölsäule zurückfällt, kann es bei höheren Drehzahlen dazu kommen, daß er sich nicht synchron mit der Ölsäule bewegt.

Aufgabe

Der Erfindung liegt die Aufgabe zugrunde, eine

2

selbstzündende Brennkraftmaschine zu schaffen, die in jedem Drehzahlbereich sicher arbeitet. Diese Aufgabe wird erfindungsmäßig dadurch gelöst, daß man zwei Kurbeltriebe ht. Der eine Kurbeltrieb schiebt die Ölsäule vor sich her, der andere bewegt den Kolben der dünner als die Zylinderwand ist. Beide Kurbeltriebe sind durch Koppeleinrichtungen miteinander gekoppelt.

Erzielbare Vorteile

Die mit der Erfindung erzielbaren Vorteile liegen darin, daß man eine Maschine hat, die in jedem Drehzahlbereich sicher arbeitet.

Ein Ausführungsbeispiel der Erfindung ist im folgenden anhand der Zeichnung näher erläutert. In dieser zeigt

Fig. 1 Koppeleinrichtung mit Schubstangen,
Fig. 2 Koppeleinrichtung mit Kegel- und Tellerrad-Getriebe.

Zwei senkrecht stehende Arbeitszylinder sind durch einen Kurbeltrieb (6) miteinander verbunden. Vor den Kolben (5) des Kurbeltriebes befindet sich eine Ölsäule. Die Ölsäule ragt in die Arbeitszylinder hinein und umschließt die Kolben der Arbeitszylinder. Der Pegel der Ölsäule schließt mit der Kante des Kolbens (5) ab. Im linken Zylinder befindet sich der Kolben (5) am unteren Totpunkt. Das Auslaßventil (12) ist geöffnet und der Kompressor (1) bläst Frischluft herein. Mit der Frischluft werden noch Ascheteilchen herausgespült. Im rechten Zylinder befindet sich der Kolben (5) am oberen Totpunkt und hat die eingeblasene Luft sehr stark zusammengepreßt. Diese Luft ist dadurch sehr warm geworden, so daß sich der eingespritzte Kraftstoff sofort entzündet. Der Kraftstoff besteht aus einem Gemenge von 80% Kohlenstaub und 20% Dieselöl. Durch die Verbrennung des Kraftstoffes dehnen sich die Gase aus und drücken den Arbeitskolben (5) nach unten. Ein Teil des Druckes überträgt sich auf das Öl und damit auf den Kurbeltrieb. Der untere Kurbeltrieb (6) macht eine Umdrehung von 180° und ebenso der obere Kurbeltrieb (6). Dadurch, daß beide Kurbeltriebe durch zwei Schubstangen (7) gekoppelt sind, wird gewährleistet, daß der Kolben (5) sich mit derselben Geschwindigkeit bewegt wie die Ölsäule. Durch den linken Kolben des Kurbeltriebes (6) wird der Arbeitskolben in den linken Zylinder gedrückt. Die Ölsäule am Arbeitskolben (5) des linken Zylinders steigt mit derselben Geschwindigkeit wie der Kolben (5). Nun kann das Auslaßventil geschlossen werden und die Luft wird stark komprimiert. Im rechten Zylinder kann Frischluft eingeblasen werden. Das Arbeitsspiel kann sich wiederholen. Zu beachten dabei ist, daß das Schmieröl, das sich in den Arbeitszylindern befindet, dauernd gekühlt und gefiltert wird. Die Achse (4) des Arbeitskolbens ist hohl und ebenso der Arbeitskolben (5). In diesen Hohlraum dringt eine Kühlflüssigkeit. Dadurch, daß die Achse des Arbeitskolbens (5) eine oszillierende Bewegung macht, steigt und fällt der Pegel der Kühlflüssigkeit, dies muß durch ein Luftventil ausgeglichen werden. Dann gibt es noch folgendes Problem. An der Stelle, wo der Ölpegel mit der Kolbenoberkante zusammenkommt, befindet sich ein Ring, der nur sehr weich ist, und als Ölabstreifring dient. Um diesen Ring von Ascheteilchen sauberzuhalten, wird er mit einem feinen Wasserstrahl während des Frischluftspülens des Zylinders abgesprüht.

Hierzu 2 Blatt Zeichnungen

ZEICHNUNGEN BLATT 1

Nummer: 36 00 194
Int. Cl.⁴: F 02 B 75/32
Veröffentlichungstag: 8. September 1988

— Fig. 1 —

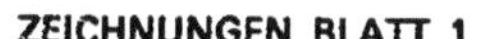

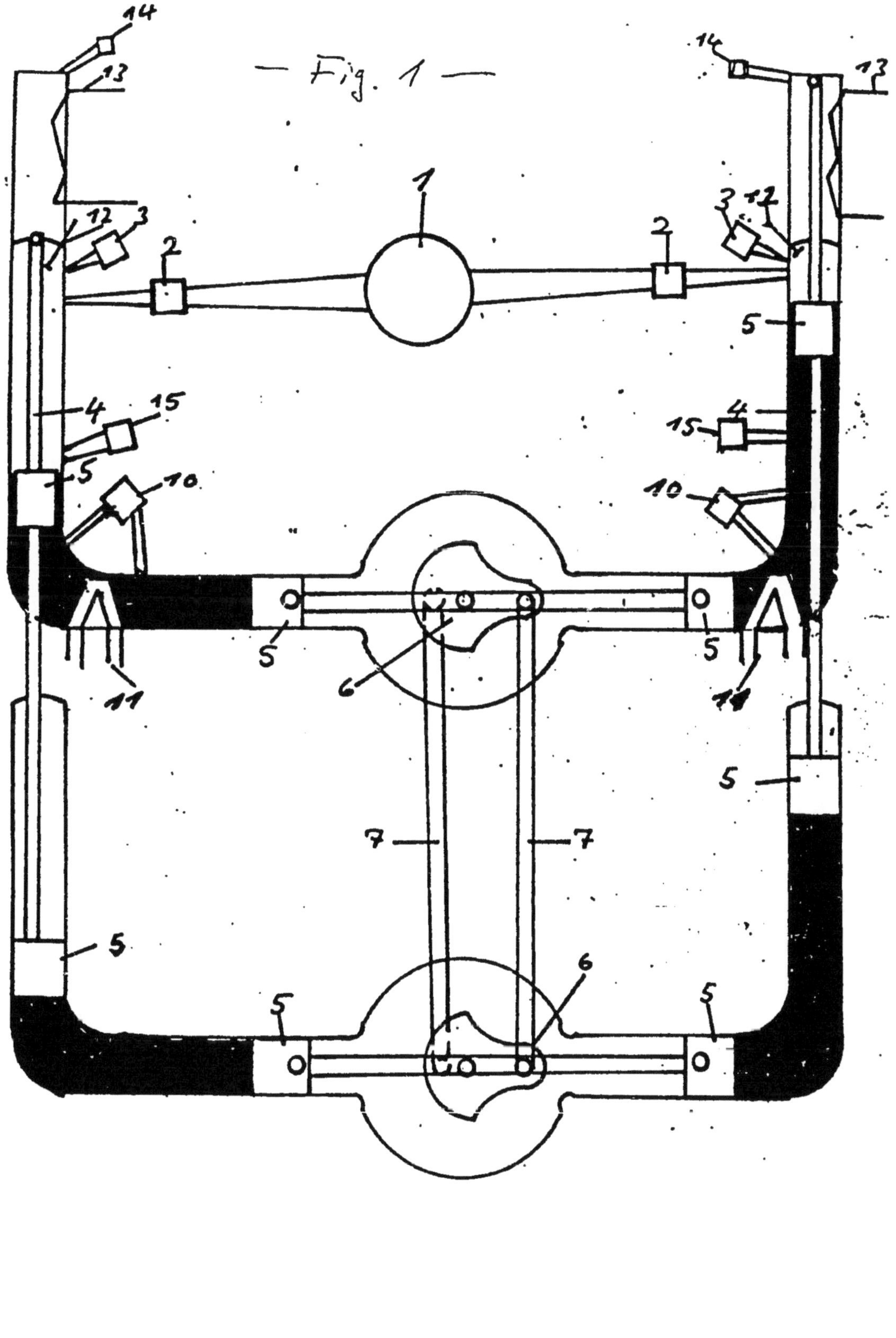

Nummer: 36 00 194
Int. Cl.⁴: F 02 B 75/32
Veröffentlichungstag: 8. September 1988

— Fig. 2 —

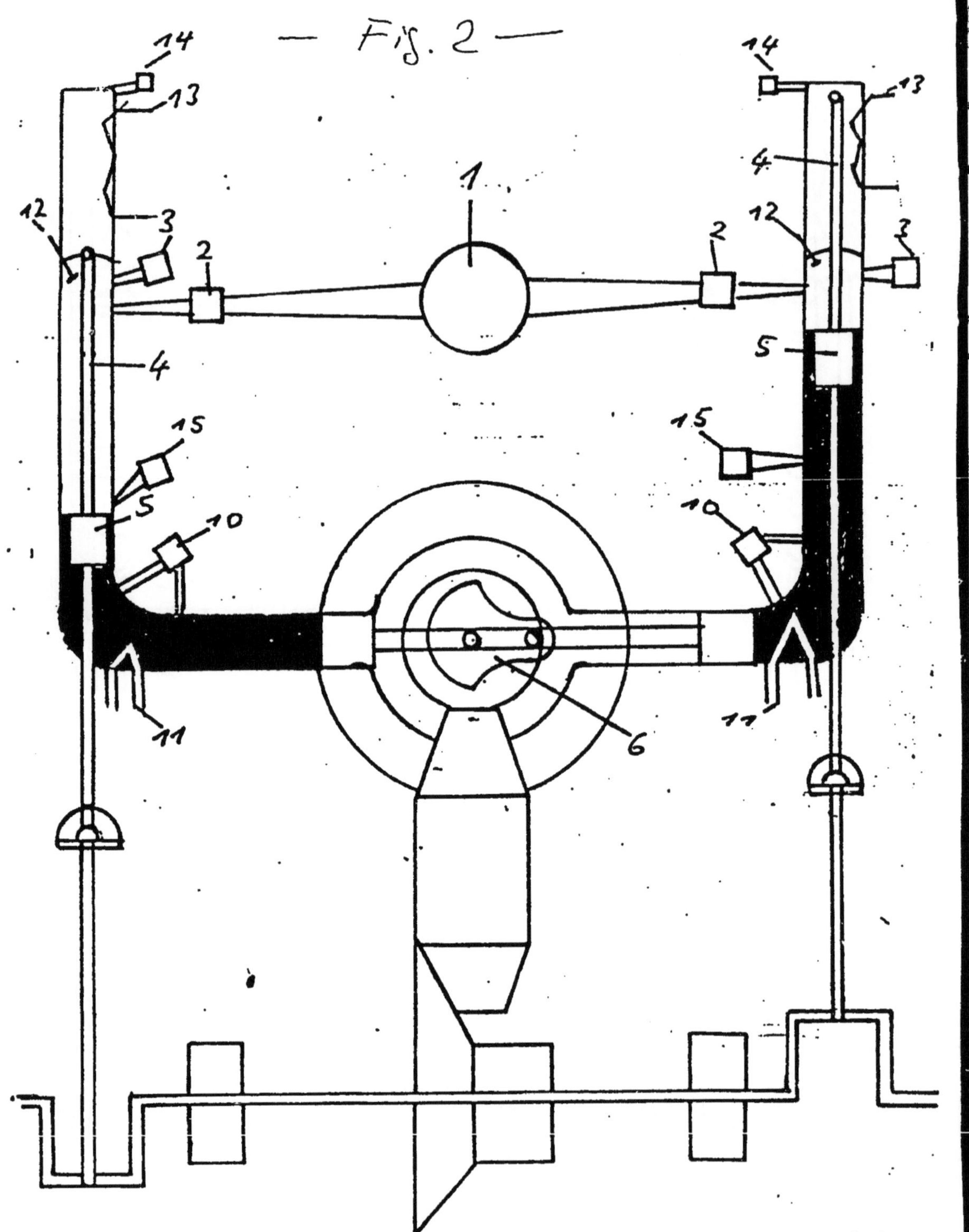

(19) **BUNDESREPUBLIK DEUTSCHLAND**

DEUTSCHES PATENTAMT

(12) **Offenlegungsschrift**

(11) **DE 3600194 A1**

(21) Aktenzeichen: P 36 00 194.5
(22) Anmeldetag: 7. 1. 86
(43) Offenlegungstag: 26. 2. 87

(51) Int. Cl. 4:
F 02 B 75/32
F 02 B 75/02
F 02 B 1/00
F 02 B 25/00
F 02 B 45/02
F 01 N 3/02

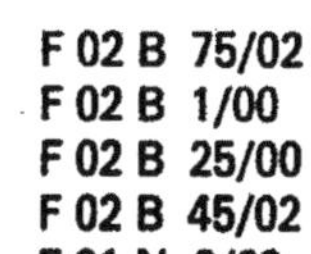

DE 3600194 A1

(51) // F02B 45/08, 45/10
Mit Einverständnis des Anmelders offengelegte Anmeldung gemäß § 31 Abs. 2 Ziffer 1 PatG

(71) Anmelder:

Pfautsch, Emil, 5620 Velbert, DE

(72) Erfinder:

gleich Anmelder

Prüfungsantrag gem. § 44 PatG ist gestellt

(54) Brennkraftmaschine mit Selbstzündung

Zwei aufrecht stehende Zylinder sind durch einen Kurbeltrieb miteinander verbunden.
In den Zylindern steht eine Ölsäule, die die Kolben, die dünner als die Zylinderwand sind, umschließt.
Unter dem Kolben befindet sich ein zweiter Kurbeltrieb. Die Kolben steigen und fallen synchron mit der Schmierflüssigkeit. Dies wird dadurch erreicht, daß man die Kurbeltriebe durch Kopplungsstangen verbunden hat.
Im zweiten Ausführungsbeispiel ersetzt eine Kurbelwelle den zweiten Kurbeltrieb.
Kurbelwelle und Kurbeltrieb sind durch Kegelräder miteinander gekoppelt.

DE 3600194 A1

1

Patentansprüche

1. Brennkraftmaschine mit Selbstzündung, **dadurch gekennzeichnet**. Das zwei senkrecht stehende Zylinder durch einen Kurbeltrieb verbunden sind. Die Arbeitskolben sind dünner als die Zylinderwand und werden von einen Ölfilm umspült.

2. Brennkraftmaschine mit Selbstzündung dadurch gekennzeichnet, das zur synchronisierung des Ölfilmes mit dem Kolben ein zweiter Kurbeltrieb verwndet wird die Kurbeltriebe sind durch Schubstangen miteinander gekoppelt.

3. Brennkraftmaschine mit Selbstzündung dadurch gekennzeichnet das beim zweiten Ausführungsbeispiel der zweite Kurbeltrieb durch eine Kurbelwelle ersetzt ist. Die kraftübertragung von der Kurbelwelle zum Kurbeltrieb erfolgt durch Kegelzahnräder und am Kurbeltrieb durch ein Tellerkegelrad.

Beschreibung

Gattung des Anmeldegegenstandes:

Die Erfindung betrifft eine Verbrennungskraftmaschine für feste sowie flüssige Brennstoffe.

Angaben zur Gattung:

Die Maschine soll es möglich machen das wesentlich preiswertere Brennstoffe nämlich Steinkohle, Braunkohle, Holz kurz alle brennbaren Stoffe zur mechanischen Energiegewinnung zu benutzen.

Stand der Technik mit Fundstellen:

Es gibt bereits Dieselmotoren mit Kohlenstaubantrieb.

Kritik des Standes der Technik:

Durch die anfallenden Verbrennungsrückstände wird die Lebensdauer des Motores shr stark begrenzt.

Aufgabe:

Der Erfindung liegt die Aufgabe zugrunde den Motor so zu verbessern das die Verbrennungsrückstände nicht mehr stören. Diese Aufgabe wird erfindungsmässig dadurch gelösst das der Zylinder des Motores nach jeden Arbeitstakt mit Frischluft gespült wird. Noch verbleibende Ascheteilchen können den Motor nicht schaden weil der Kolben nicht an der Zylinderwand anstösst sondern ein dicker Ölfilm sich dazwischen befindet.

Erzielbare Vorteile:

Die mit der Erfindung erzielbaren Vorteile liegen darin das eine wesentlich höhere Lebensdauer des Motores erreicht wird, und das preiswertere Brennstoffe verwendet werden können.

Beschreibung eines Ausführungsbeispieles.

Zwei senkrecht stehende Arbeitszylinder sind durch einen Kurbeltrieb miteinander verbunden. Vor den Kolben des Kurbeltriebes befindet sich eine Ölsäule. Die Ölsäule ragt in die Arbeitszylinder hinein und umschliesst die Kolben der Arbeitszylinder. Der Pegel der

2

Ölsäule schliesst mit der Kante des Kolbens ab. Im linken Zylinder befindet sich der Kolben am unteren Totpunkt. Das Auslassventil ist geöffnet und der Kommpressor blässt Frischluft ein. Mit der Frischluft werden noch Ascheteilchen herausgespült. Im rechten Zylinder befindet sich der Kolben am oberen Totpunkt und hat die eingeblasene Luft sehr stark zusammengepresst. Diese Luft ist dadurch sehr warm geworden, so das sich der eingespritzte Kraftstoff sofort entzündet. Der Kraftstoff besteht aus einen Gemenge von 80% Kohlenstaub und 20% Dieselöl. Durch die Verbrennung des Kraftstoffes dehnen sich die Gase aus und drücken den Arbeitskolben nach unten. Ein Teil des Druckes überträgt sich auf das Öl und damit auf den Kurbeltrieb. Der untere Kurbeltrieb macht eine Umdrehung von 180° und ebenso der obere Kurbeltrieb. Dadurch das beide Kurbeltriebe durch zwei Schubstangen gekoppelt sind wird gewährleistet das der Kolben sich mit derselben Geschwindigkeit bewegt wie die Ölsäule. Durch den linken Kolben des Kurbeltriebes wird der Arbeitskolben in den linken Zylinder gedrückt. Die Ölsäule am Arbeitskolben des linken Zylinders steigt mit derselben Geschwindigkeit wie der Kolben. Nun kann das Auslassventil geschlossen werden und die Luft wird stark kommprimiert. Im rechten Zylinder kann Frischluft eingeblasen werden. Das Arbeitsspiel kann sich wiederholen. Zu beachten dabei ist das, das Schmieröl das sich in den Arbeitszylindern befindet dauernd gekühlt und gefiltert wird. Die Achse des Arbeitskolbens ist hohl und ebenso der Arbeitskolben. In diesen Hohlraum dringt eine Kühlflüssigkeit. Dadurch das die Achse des Arbeitskolbens eine oszillierende Bewgung macht steigt und fällt der Pegel der Kühlflüssigkeit, dies muss durch ein Luftventil ausgeglichen werden. Dann gibt es noch folgendes Problem an der Stelle wo der Ölpegel mit der Kolbenoberkante zusammenkommt befindet sich ein Ring der nur sehr weich ist und als Ölabstreifring dient. Er besteht aus lauter Fasern eines weichen Metalles. Um diesen Ring von Ascheteilchen sauberzuhalten wird er mit einen feinen Wasserstrahl während des Frischluftspülens des Zylinders abgesprüht. Die Ausführung *B* laut Zeichnung ähnelt *A* nur mit dem Unterschied das zur Kopplung des Kurbeltriebes eine Kurbelwelle und als Übertragungselemente Kegelträger verwendet werden. Denn auf der Mittelpunktsachse des Kurbeltriebes befindet sich ein Tellerkegelrad in dieses ein beidseitig kegelförmiges Zahnrad greift. Was man noch beachten muss ist folgendes die Abgase des Motores enthalten Staubteilchen, diese kann man durch ein Elektro-Filter ausfiltern.

Nummer: **36 00 194**
Int. Cl.⁴: **F 02 B 75/32**
Anmeldetag: 7. Januar 1986
Offenlegungstag: 26. Februar 1987

3600194

Fig. A

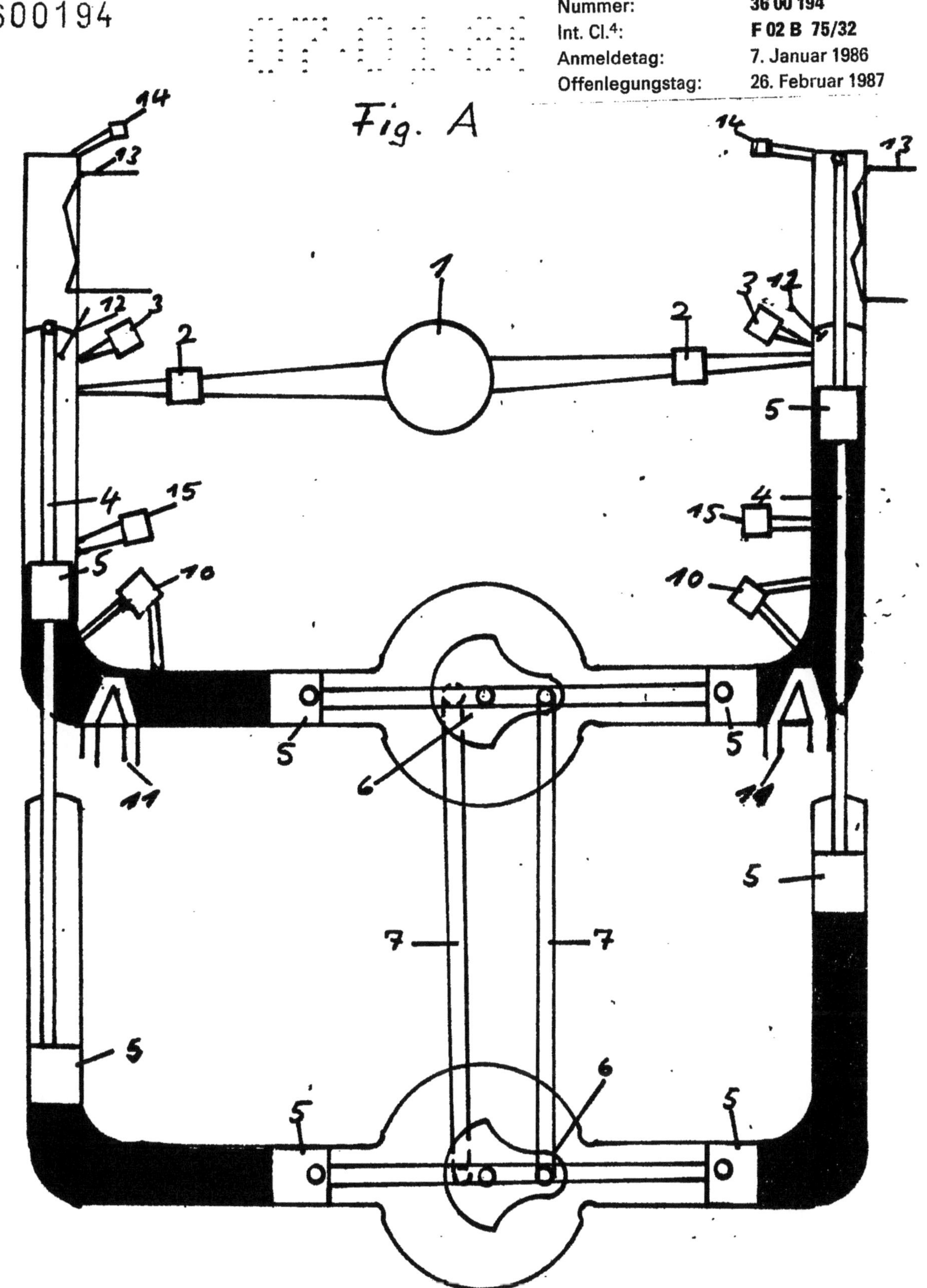

3600194

Fig. B

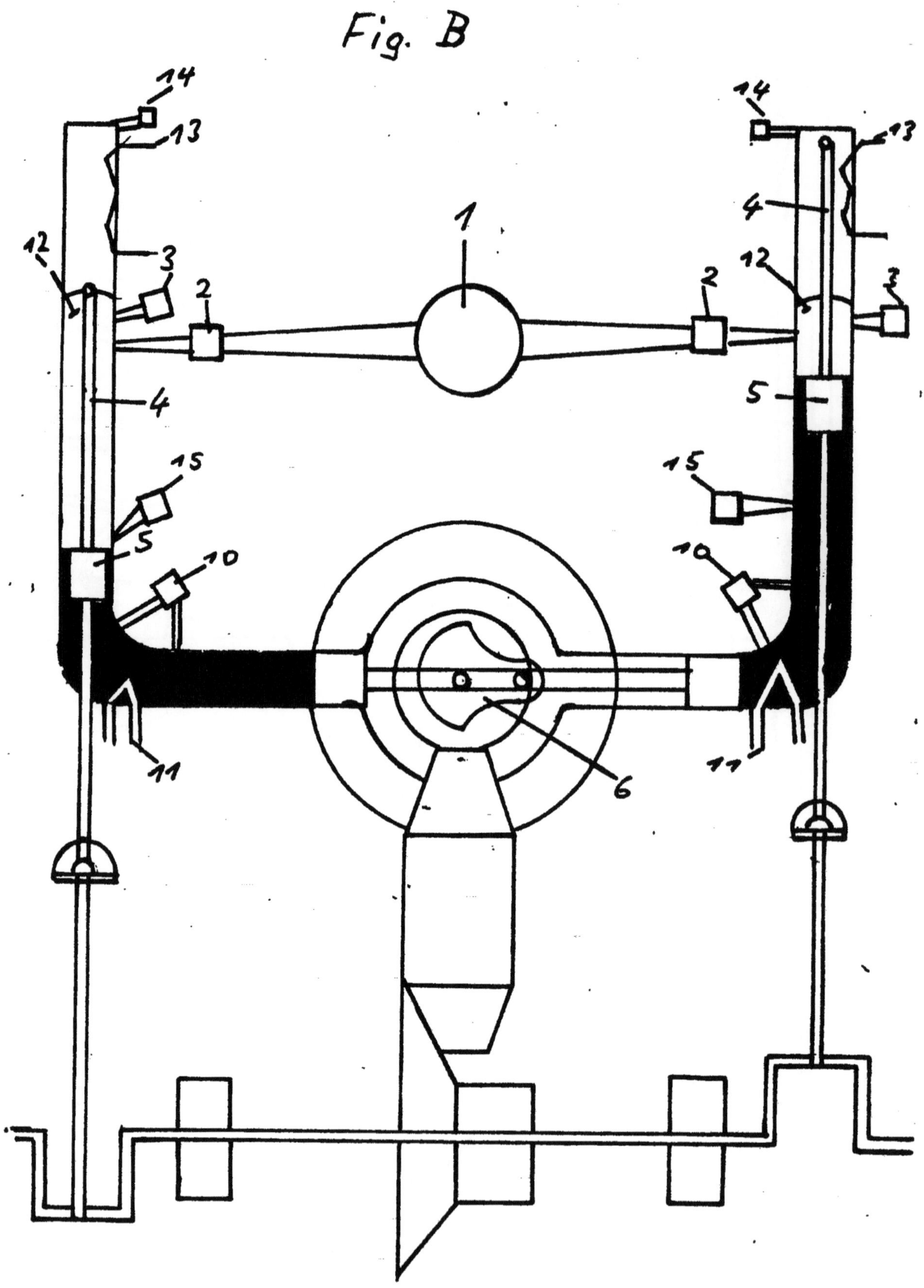

⑲ **BUNDESREPUBLIK DEUTSCHLAND**

DEUTSCHES PATENTAMT

⑫ **Offenlegungsschrift**

⑪ **DE 3612571 A1**

㉑ Aktenzeichen: P 36 12 571.7
㉒ Anmeldetag: 15. 4. 86
㊸ Offenlegungstag: 7. 5. 87

⑤ Int. Cl. 4:
B 64 C 29/00
B 64 G 1/40
// B64D 27/24

DE 3612571 A1

Mit Einverständnis des Anmelders offengelegte Anmeldung gemäß § 31 Abs. 2 Ziffer 1 PatG

㉑ Anmelder:

Pfautsch, Emil, 5620 Velbert, DE

㊀ Erfinder:

gleich Anmelder

㊄ Zentrifugalbeschleunigungstriebwerk

Ein Elektromotor ist drehbar gelagert. Die Achsen, auf denen er drehbar gelagert ist, bilden die Achse eines Stellmotors.
An der Achse des Elektromotors ist eine Kreisscheibe befestigt. An der Kreisscheibe befindet sich ein Gewicht.
Die Kreisscheibe rotiert erst in senkrechter Richtung, dann bei 170° in waagerechter Richtung.
Der Impuls für die Stellmotoren, die die Kreisscheibe von der senkrechten Richtung in die waagerechte Richtung und von der waagerechten in die senkrechte Richtung bringen, wird von einem Kollektorsegment über einen Schleifkontakt geliefert.

DE 3612571 A1

1

Patentanspruch

Zentripitalbeschleunigungstriebwerk **dadurch gekennzeichnet,** das ein Elektromotor drehbar gelagert ist und das er auf der Motorachse eine Kreisscheibe mit einen Gewicht trägt. Die Kreisscheibe macht eine Umdrehung von 180 und wird dann in die waagerechte gekippt nach einer weiteren Drehung von 180 wird sie in die senkrechte gekippt. Es entsehen zwei Fliehkräfet e in der senkrechten und in der waagerechten.

Beschreibung

Gattung des Anmeldegegenstandes:

Die Erfindung betrifft ein Triebwerk für Luft und Raumfahrzeuge.

Stand der Technik:

Es gibt bereits Luft und Raumfahrzeuge nämlich Flugzeug, Helikopter und Raketen.

Kritik des Standes der Technik:

Beim Flugzeug ist eine Landebahn für den Start und die Landung erforderlich. Diese Nachteile hat der Helikopter nicht, aber wegen seines hohen Anschaffungspreises und wegen den hohen Kraftstoffverbrauch seiner Motoren ist er als Massenverkehrsmittel uninteressant. Zur Raumfahrt benutzt man die Rakete aber wegen den ungünstigenVerhältniss von Treibstofflast zur Nutzlast ist dieser Flugkörper nur für einige Staaten interessant.

Aufgabe:

Der ERfindung liegt die Aufgabe zugrunde ein erschwingliches Fluggerät zu bauen das einfach in seiner Bedienung und preiswerter als ein Flugzeug ist.

Lösung:

Diese Aufgabe wird erfindungsmässig dadurch gelösst, das man zur Erzeugung des Auftriebes keine Flügel, keinen Rotor und auch keine Rückstossdüse verwendet.
Sondern man beschleunigt ein Gewicht auf einer Kreisbahn. Zuerst lässt man das Gewicht in der senkrechten rotieren bei 180° bringt man das Gewicht in die waagerechte Richtung.

ErzielbareV Vorteile:

Mit der EA E rfindung erzielbaren Vorteile liegen darin das man viel effektivere Triebwerke bauen kann. Die mit einer geringeren Motorleistung auskommen.
So das die Flugkörper für den Massenverkehr geeignet sind.

Beschreibungvon einen Ausführungsbeispieles.

Ein Ausführungsbeispiel ist in der Zeichnung dargestellt und wird näher erläutert.
Es zeigen:
Fig. 1 = Gewicht

2

2 = Kreisscheibe
3 = Gegenlager
4 = Stellmotoren
5 = Kollektorsegment
6 = Schleifkontakte
7 = Stander
8 = Vorstehnocken
9 = Elektromotor
Ein Elektromotor ist drehbargelagert.
Auf der Achse des Elektromotores befindet sich eine Kreisscheibe mit einen Gewicht.
An der Stelle wo der Elektromotor drehbar gelagert ist, gehen je eine Achse zu je einen Stellmotor. Auf der Kreisscheibe befindet sich ein Kollektorsegment.
Dreht sich nun die Kreisscheibe, so wird das Kollektorsegment mitbewegt.
Macht die Kreisscheibe eine Drehung von 170° so greift der Schleifkontakt an den Kollektorsegment eine Spannung ab.
Die Spannung wird dem rechten Stellmotor zugeleitet und der macht eine viertel Umdrehung.
Die KREISSCHEIBE wird von der senkrechten in die waagerechte Richtung gebracht.
Das Gewichtsstück bewegt sich weiter in der waagerechten. Nach einer Drehung von 170° greift der Schleifkontakt an den Kollektorsegment eine Spannung ab und der Stellmotor macht eine viertel Umdrehung, Die Kreisscheibe wird von der waagerechten in die Senkrechte gebracht.
Damit die Stellmotoren nur eine viertel Umdrehung machen, ist auf der Welle des Motores ein Vorstehnocken angebracht, dieser wird durch das Gegenlager nach vollendeder viertel Umdrehung blockiert.
Es enstehen Fliehkräfte und zwar in der senkrechten entgegen der Schwerkraft.
Und um 90° versetzt in der waagerechten.

– Leerseite –

Nummer: 36 12 571
Int. Cl.⁴: B 64 C 29/00
Anmeldetag: 15. April 1986
Offenlegungstag: 7. Mai 1987

1

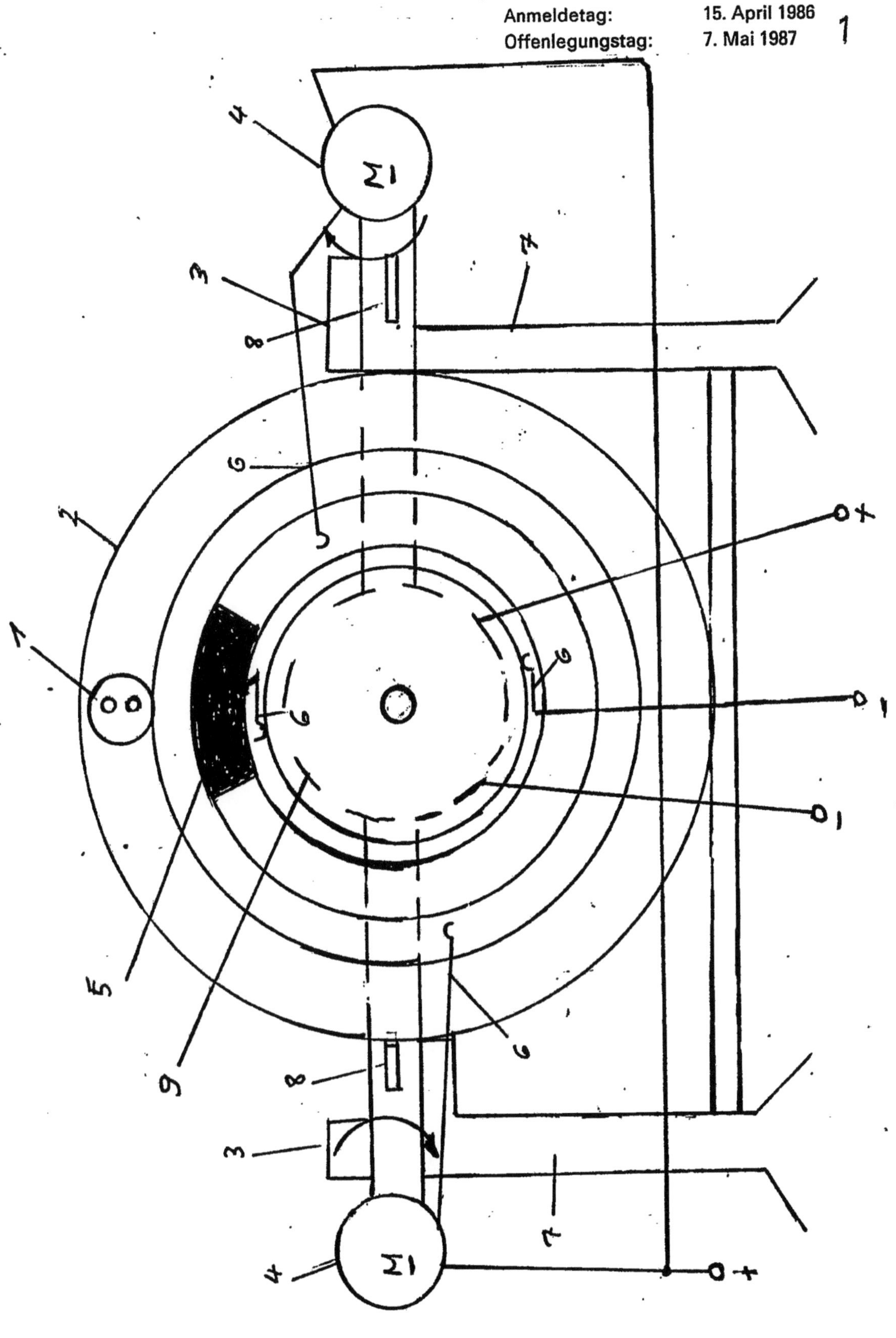

⑲ BUNDESREPUBLIK DEUTSCHLAND

DEUTSCHES PATENTAMT

⑫ **Offenlegungsschrift**
⑪ **DE 3617076 A1**

⑤ Int. Cl. ⁴:
F 03 B 13/16

⑪ Aktenzeichen: P 36 17 076.3
⑫ Anmeldetag: 21. 5. 86
⑬ Offenlegungstag: 27. 5. 87

DE 3617076 A1

Mit Einverständnis des Anmelders offengelegte Anmeldung gemäß § 31 Abs. 2 Ziffer 1 PatG

⑦ Anmelder:

Pfautsch, Emil, 5620 Velbert, DE

⑦ Erfinder:

gleich Anmelder

⑤ **Strömungsgenerator**

Zwei Spulen mit je zwei Wicklungen liegen in der Strömungsrichtung der Meeresströmung mit ihrer Längsachse.
Die Enden der Spulen sind durch ein U-förmiges Zwischenstück miteinander verbunden.
Der Anfang der zweiten Spule besitzt eine Verlängerung, durch diese Verlängerung werden Eisenteilchen geleitet und von der ersten Spule gesammelt.
Die Eisenteilchen durchfluten die Spulen durch die Strömung und verändern die Permealibität der Spulen. An der zweiten Wicklung der Spulen kann eine Wechselspannung abgegriffen werden.

1

Patentansprüche

1. Strömungsgenerator **dadurch gekennzeichnet,** das zwei Spulen mit einen U-förmigen Zwischenstück miteinander verbunden sind. Durch die Spulen werden Eisenteilchen gespült und verändern die Permealibität der Spulen —.
Die Spulen werden mit Gleichstrom erregt und bauen ein Magnetfeld auf, das durch die Eisenteilchen abwechselnd gestärkt und geschwächt wird.

Beschreibung

Titel: Strömungsgenerator zur Nutzung der
Meeresströmungen

Gattung des Anmeldegegenstandes: Die Erfindung betrifft einen Strömungsgenerator der die Strömungsenergie der Meeresströmungen in elektrische Energie umwandelt.
Stand der Technik: Es gibt Versuche mit Grossblattturbinen diese sind aber nicht effektiv genug.
Kritik des Standes der Technik: Wegen des grossen Aufwandes Turbine und Generator und wegen des schlechten Wirkungsgrades der Turbine ist diese Möglichkeit uninterr uninteressant.
Aufgabe: Der Erfindung liegt die Aufgabe zugrunde ein Wandlersystem zu schaffen, das ohne viel Aufwand möglichst effektiv arbeitet.
Lösung: Diese Aufgabe wird erfindungsgemäß dadurch gelösst, das man zwei Spulen die durch einen U-förmigen Aufsatz miteinander verbunden sind. Von der Meeresströmung durchfluten lässt. Die *Str* Strömung nimmt Eisenteilchen mit und verändert die Permalibität der Spulen.
Erzielbare Vorteile: Mit der Erfindung erzielbaren Vorteile liegen darin das man ohne viel Aufwand ein störungsunanfälliges Wandlersystem hat (keine beweglichen Teile), das auch noch effektiv arbeitet
Beschreibung eines Ausführungsbeispieles.
Ein Ausführungsbeispiel ist in der Zeichnung dargestellt und wird näher erläutert.

Beschreibung des Strömungsgeneratores.

Es zeigen:

1 = Eisenjoch
2 = U-förmiges Verbindungsstück
3 = Eisenteilchen mit Schwimmer

Zwei Spulen mit je zwei Wicklungen sind durch ein U-förmiges Zwischenstück miteinander verbunden.
Die Spulen liegen mit der Längsachse in der Strömungsrichtung einer Meeresströmung.
Die Spulen werden durch die erste Wicklung von Gleichstrom durchflossen.
Das daraus resultierende Magnetfeld hat die Polarität Nordpol am Spulenanfang und Südpol am Spulenende und wird durch das Eisenjoch verstärkt.
Die Magnetfelder in beiden Spulen haben die gleiche Polarität.
Die Spulen sind weit genug auseinander so dass sie sich magnetisch nicht beeinflussen können.
Die erste Spule wird so magnetisiert das sie die Eisenteilchen die durch einen Schwimmer schwimmfähig gemacht wurden in sich hineinzieht und festhält. Die zwei-

2

te Spule ist so magnetisiert das sie die Eisenteilchen von der Strömung wegschwemmen lässt. Am Anfang der Z zweiten Spule befindet sich eine Verlängerung durch diese werden die Eisen teilchen zur ersten Spule geleitet. Die Feldstärke in der ersten Spüle nimmt zu, die Feldstärke der zweiten Spule nimmt ab. In beiden Fällen kann an der zweiten Wicklung der Spulen eine Spannung abgegriffen werden.
Erfolgt keine Feldstärkenänderung mehr, so magnetisiert man die zweite Spule stärker und die erste schwächer. Von der ersten Spule werden die Eisenteilchen herausgeschwemmt und c von der zweiten Spule gesammelt. Man magnetisiert immer eine Spule stärker die andere schwächer. Der Vorgang wiederholt sich. Die Spulen weden durch einen Schwimmer schwimmfähig gemacht und im Meer fest verankert.
Bei Sturm versenkt man die Spulen in grössere Tiefen. Weil die Wellen in grössere Tiefen nicht herabreichen. Die Leistung wird mittels Kabel an Land geleitet.

- Leerseite -

Nummer: **36 17 076**
Int. Cl.⁴: **F 03 B 13/16**
Anmeldetag: 21. Mai 1986
Offenlegungstag: 27. Mai 1987

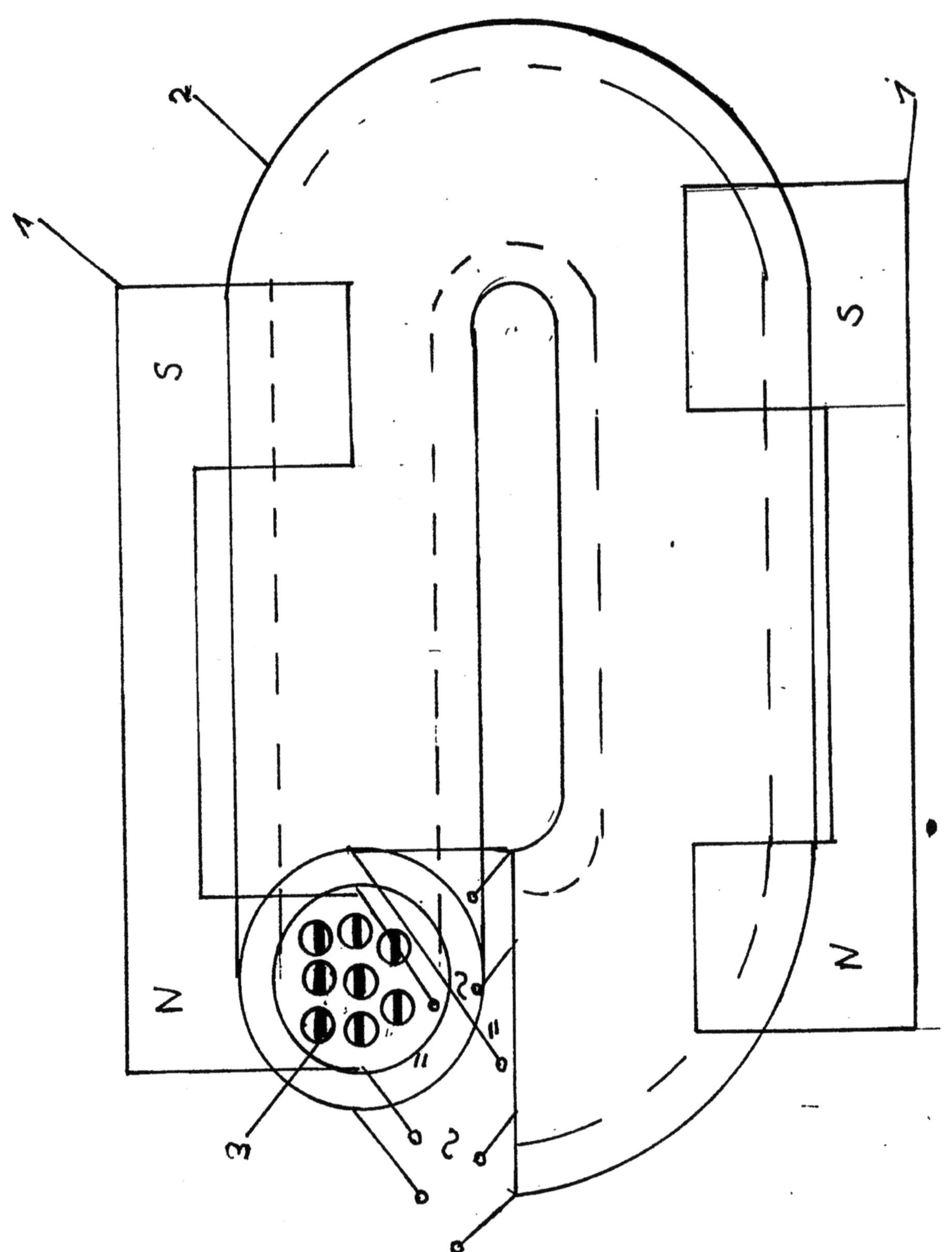

(19) BUNDESREPUBLIK DEUTSCHLAND

DEUTSCHES PATENTAMT

(12) Offenlegungsschrift

(11) DE 3624510 A1

(51) Int. Cl. 4: F 03 B 13/16

(21) Aktenzeichen: P 36 24 510.0
(22) Anmeldetag: 19. 7. 86
(43) Offenlegungstag: 21. 1. 88

DE 3624510 A1

(71) Anmelder:
Pfautsch, Emil, 5620 Velbert, DE

(61) Zusatz zu: P 36 17 076.3

(72) Erfinder:
gleich Anmelder

(54) Strömungsgenerator zur Nutzung der Meeresströmungen

Zwei Rohre sind durch ein U-förmiges Zwischenstück miteinander verbunden. Die Rohre sind im Meer fest verankert und sind durch Schwimmer schwimmfähig gemacht worden.
Die Rohre werden von der Meeresströmung durchflutet, Eisenteilchen mit Schwimmkörper werden von der Strömung mitgenommen.
Die Eisenteilchen verändern die Permeabilität der Elektro-Magnete, die ringförmig um die Rohre angeordnet sind.

DE 3624510 A1

1

Patentansprüche

1. Strömungsgenerator, **dadurch gekennzeichnet,** daß zwei Rohre miteinander verbunden sind. Um die Rohre befindet sich ringförmig der Eisenkern einer Magnetentwicklung. In die Rohre werden Eisenteilchen durch die Wasserströmung hindurch gespült. Die Eisenteilchen sind durch Nylonfäden miteinander verbunden und werden durch das Führungsrohr geführt. Dadurch daß die Eisenteilchen das Feld der Magnetspule die mit einer Wicklung von Gleichstrom durchflossen wird ändern, kann an der zweiten Wicklung eine Spannung abgegriffen werden.

2. Strömungsgenerator, dadurch gekennzeichnet, daß zur Umlenkung der Strömung Segmente benutzt werden, diese können auf- und zugeklappt werden. Und je nach Bedarf eine Aussparung freigeben oder verschließen.

Beschreibung

Titel:
Strömungsgenerator zur Nutzung der Meeresströmungen

Gattung des Anmeldegegenstandes:
Die Erfindung betrifft einen Strömungsgenerator, der die Strömungsenergie von Meeresströmungen in elektrische Energie umwandelt.

Stand der Technik
Es gibt Versuche mit Großblatt-Turbinen, diese arbeiten aber nicht effektiv genug.

Kritik des Standes der Technik
Wegen des großen Aufwandes Turbine, Generator und wegen des schlechten Wirkungsgrades der Turbine ist diese Möglichkeit uninteressant.

Aufgabe
Der Erfindung liegt die Aufgabe zugrunde, ein Wandlersystem zu schaffen, das ohne viel Aufwand möglichst effektiv arbeitet.

Lösung
Diese Aufgabe wird erfindungsmäßig dadurch gelöst, daß man zwei Spulen durch ein U-förmiges Rohrstück miteinander verbindet und von der Meeresströmung durchfluten läßt. Die Strömung spült Eisenteilchen durch die Spulen und verändert dadurch ihre Permeabilität.

Erzielbare Vorteile
Mit der Erfindung erzielbare Vorteile liegen darin, daß man ohne viel Aufwand ein störungsunanfälliges Wandlersystem schaffen kann, das auch noch effektiv arbeitet.

Beschreibung von ein Ausführungsbeispiel

Zwei Ausführungsbeispiele sind in der Zeichnung dargestellt und werden näher erläutert.

Beschreibung des Strömungsgenerators

Es zeigen:

1 = U-förmiges Rohrstück
2 = Segment

2

3 = Wicklung
4 = Eisenkern
5 = Eisenteilchen mit Schwimmkörper
6 = Nylonfäden
7 = Führungsrohr
8 = Sieb
9 = Schieber
10 = Schwimmer

Zwei Rohre sind durch ein U-förmiges Zwischenstück miteinander verbunden. Die Rohre sind durch Schwimmer schwimmfähig gemacht worden, und werden im Meer fest verankert.

An den Anfängen der Rohre sind U-förmige Rohrstücke aufgesetzt. Die Rohrstücke haben eine Aussparung und die Aussparung wird je nach Bedarf verdeckt oder freigegeben, durch ein Segment, das drehbar gelagert ist.

Das linke Segment ist nach links und das rechte Segment ist ebenfalls nach links geklappt.

Beim linken Rohrstück ist die Aussparung offen, beim rechten Rohrstück ist die Aussparung verdeckt. Der linke Schieber verschließt die Öffnung des Rohrstückes. Der rechte Schieber ist offen. Das Wasser der Meeresströmung fließt in das linke Rohrstück und nimmt Eisenteilchen, die durch einen Schwimmkörper schwimmfähig gemacht wurden, mit.

Außerdem sind die Eisenteilchen durch Nylonfäden alle miteinander verbunden. Die Eisenteilchen werden durch das Führungsrohr geführt; der Umfang der Eisenteilchen ist geringer als der des Rohres. Damit es zu keiner Reibung zwischen Eisenteilchen und Rohrwand kommt. Um die Rohre sind Magnete angeordnet. Der Nordpol des Magneten ist ein Ring, dieser umgibt das Rohr. Der Südpol ist ebenfalls ein Ring, dieser umgibt wieder das Rohr.

Die beiden Pole sind durch Eisenjoche verbunden. Auf den Eisenjochen befinden sich Spulen. Und zwar eine Gleichstromwicklung zur Erzeugung des Magnetfeldes, und eine Wechselstromwicklung zur Erzeugung der elektrischen Leistung.

Dadurch daß sich die Eisenteilchen im Einflußbereich des Magnetfeldes befinden, ändern sie die Permeabilität der Spulen und an der Wechselstromwicklung kann eine Induktionsspannung abgegriffen werden.

Sind die Eisenteilchen an dem rechten Schenkel des Rohres angelangt, so klappt das Segment nach rechts und der Schieber schließt die Öffnung.

Das linke Segment klappt auch nach rechts und der linke Schieber ist offen.

Die Aussparung am rechten Rohrstück ist geöffnet und das Wasser nimmt wieder die Eisenteilchen mit, das Arbeitsspiel wiederholt sich.

Bei einem Sturm werden die Rohre getaucht, denn in der Tiefe wirken keine Wellen.

Die erzeugte elektrische Leistung kann mit Kabel an Land transportiert werden.

Oder die Leistung kann zur elektrolytischen Wasserzersetzung zur Gewinnung von Wasserstoff, oder zur Meerwasserentsalzung verwendet werden.

– Leerseite –

Nummer: **36 24 510**
Int. Cl.⁴: **F 03 B 13/16**
Anmeldetag: 19. Juli 1986
Offenlegungstag: 21. Januar 1988

3624510

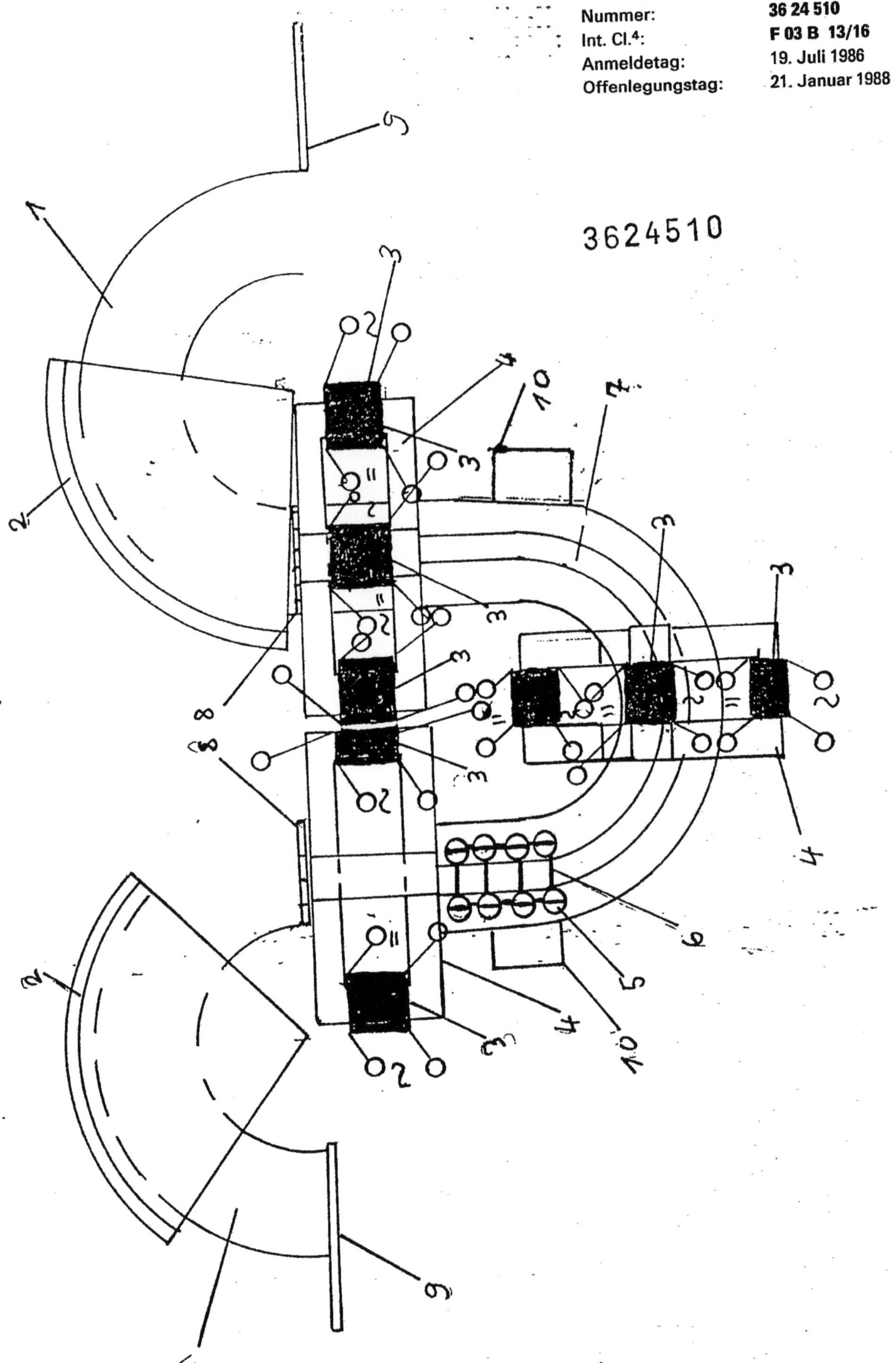

(19) BUNDESREPUBLIK DEUTSCHLAND

DEUTSCHES PATENTAMT

(12) **Offenlegungsschrift**

(11) **DE 3700265 A1**

(51) Int. Cl. 4:
F01K 25/10
F 01 K 27/02

(21) Aktenzeichen: P 37 00 265.1
(22) Anmeldetag: 7. 1. 87
(43) Offenlegungstag: 21. 7. 88

DE 3700265 A1

(71) Anmelder:
Pfautsch, Emil, 5620 Velbert, DE

(72) Erfinder:
gleich Anmelder

(54) Wärmekraftmaschine mit Wärmerückkopplung

In zwei Behältern befindet sich ammoniakhaltiges Wasser.
In die Rohrschlange des rechten Behälters wird heißes Wasser eingeführt. Außerdem arbeitet die Wärmepumpe in der Richtung, daß aus dem linken Behälter die Wärme in den rechten gepumpt wird.
Das Ammoniakgas entweicht und erzeugt einen Überdruck, es strömt über die Turbine in den linken Reaktionsraum. In diesen Raum wird kaltes Wasser gespritzt, das Ammoniakgas löst sich darin. Die Lösungswärme wird durch die Wärmepumpe zu dem Verdampfer gepumpt.
Ist alles Gas entwichen, so arbeitet die Wärmepumpe in der anderen Richtung, rechts kühlt sie und links heizt sie.
Außerdem wird in die linke Heizschlange heißes Wasser gefüllt. Das Ammoniakgas entweicht wieder und erzeugt einen Überdruck. Der beschriebene Arbeitsvorgang wiederholt sich nur in der anderen Richtung.

DE 3700265 A1

1

Patentanspruch

Wärmekraftmaschine mit Wärmerückkopplung, **dadurch gekennzeichnet**, daß sich in zwei Behältern Ammoniakwasser befindet.

Der rechte Behälter wird durch eine Heit Heizschlange mit Warmwasser als Wärmequelle aufgeheizt. Außerdem pumpt die Wärmepumpe die Wärme vom linken Behälter in den rechten.

Das Ammoniakgas entweicht und erzeugt einen Überdruck und strömt über die Turbine in den linken Reaktionsraum. In diesen Raum wird kaltes Wasser gespritzt, das Ammoniakgas löst sich darin. Die Lösungswärme wird durch die Wärmepumpe zu dem Verdampfer gepumpt. Wenn das Gas entwichen ist, dann wird in die Heizschlange des linken Behälters heißes Wasser gefüllt, und die Wärmepumpe arbeitet jetzt in der anderen Richtung.

Rechts kühlt die Heizschlange der Wärmepumpe links heizt sie. Das beschriebene Arbeitsspiel wiederholt sich in anderer Richtung. Wenn das Wasser in der Heizschlange des rechten Behälters abgekühlt ist kann es abgepumpt werden.

Beschreibung

Die Erfindung betrifft eine Wärmekraftmaschine bei der die Wärme am Kondensator zurückgekoppelt wird.

Stand der Technik

Es gibt bereits Wärmekraftmaschinen mit Ammoniak als Arbeitsmittel.

Kritik des Standes der Technik

Bei den herkömmlichen Maschinen ist der Wirkungsgrad nach Cornat sehr gering der größte Teil der Wärme fällt am Kondensator als Abwärme an.

Aufgabe

Der Erfindung liegt die Aufgabe zugrunde die Maschine so zu verändern, daß die Abwärme genutzt werden kann.

Lösung

Diese Aufgabe wird erfindungsgemäß dadurch gelöst, daß man ammoniakhaltiges Wasser aufheizt und die entstehenden Dämpfe durch eine Turbine leitet. Danach die Dämpfe von kalten Wasser aufsaugen läßt. Die entstehende Lösungswärme wird von einer Wärmepumpe zu dem Verdampfer transportiert.

Erzielbare Vorteile

Die mit der Erfindung erzielbaren Vorteile liegen darin, daß die Kondensationswärme durch Rückkopplung genutzt wird. Was den Wirkungsgrad entscheidend verbessert. Außerdem kann als Wärmequelle für den Verdampfer Abwärme aus Kraftwerken sowie von Industriebetrieben verwendet werden.

Beschreibung eines Ausführungsbeispieles

Ein Ausführungsbeispiel ist in der Zeichnung und wird näher erläutert.

2

Es zeigt
Fig. 3 Wassereinspritzdüsen
Fig. 4 Pumpen
Fig. 5 Pumpe
Fig. 6 Expansionsventil
Fig. 7 Abfluß
Fig. 8 Warmwasserrohrschlange
Fig. 9 Verdampfungs-Kondensationsschlange
Fig. 10 Ammoniakwasserbehälter
Fig. 11 Ammoniakdampfleitung
Fig. 12 *VE* Ventile 13, 14, 15
Fig. 16 Wasserrohr

In zwei Wasserbehältern befindet sich Ammoniakgas gesättigtes Wasser. Außerdem befinden sich in den Behältern die Rohrschlangen einer Wärmepumpe. Und eine Heizschlange für den Warmwassereinlaß. Die Wärmepumpe wird in der Richtung betrieben das sie im linken Behälter kühlt und im rechten Behälter heizt. Im rechten Behälter wurde in die Rohrschlange heißes Wasser eingefüllt.

Dieses Wasser gibt seine Wärme an das Ammoniakwasser ab. Die Wärmepumpe heizt ebenfalls das Ammoniakwasser.

Das gelöste Ammoniakgas entweicht dem Wasser und erzeugt einen Überdruck, dieser Druck wird in die Reaktionskammer geleitet und von einem Rohr über das geöffnete Ventil 14 zur Turbine von der Turbine über das Ventil 15 zur linken Reaktionskammer.

In dieser Kammer wird kaltes Wasser durch die Düsen 3 gespritzt. Das Ammoniakgas löst sich begierig in dem kalten Wasser.

Durch den Abfluß 7 fließt das Ammoniakwasser in den Behälter. Die Rohrschlange der Wärmepumpe entzieht dem Wasser die Wärme die beim Lösen des Ammoniakgases entsteht, und transportiert die Wärme in den rechten Behälter. Die Turbine treibt einen Generator an. Nachdem alles Ammoniakgas aus dem Ammoniakwasser ausgetrieben wurde, wird das linke Heizrohr mit heißem Wasser gefüllt und außerdem arbeitet jetzt die Wärmepumpe in der anderen Richtung. Die Wärme aus dem rechten Behälter wird in den linken Behälter transportiert.

Der rechte Behälter kühlt sich ab. Wenn das Wasser aus der rechten Heizschlange abgekühlt ist kann es abgepumpt werden. Das Ammoniakwasser des linken Behälters ist nun warm und das Ammoniakgas wird ausgetrieben, es erzeugt einen Überdruck und wird über das geöffnete Ventil 13 zur Turbine geleitet, über das Ventil 12 gelangt es in den rechten Reaktionsraum dort wird wieder kaltes Wasser eingespritzt und der beschriebene Vorgang wiederholt sich.

Die Turbine wird durch die Anordnung der Rohre und Ventile nur in einer Richtung durchströmt. Der Wirkungsgrad der Maschine liegt sehr hoch weil die Wärme immer wieder verwendet wird. Auch kann die bei der Kühlung des Generators und des Motores der Wärmepumpe anfallende Wärme genutzt werden.

Als Wärmequelle für das Heißwasser eignen sich Erdwärme, Solarwärme mit Flachkollektoren erzeugt, Abwärme von Kraftwerken und Industriebetrieben und Meereswärme von tropischen Meeren.

Nur muß die Meereswärme von 30° auf 100° mit einer Wärmepumpe gebracht werden.

- Leerseite -

Nummer: 37 00 265
Int. Cl.⁴: F 01 K 25/10
Anmeldetag: 7. Januar 1987
Offenlegungstag: 21. Juli 1988

3700265

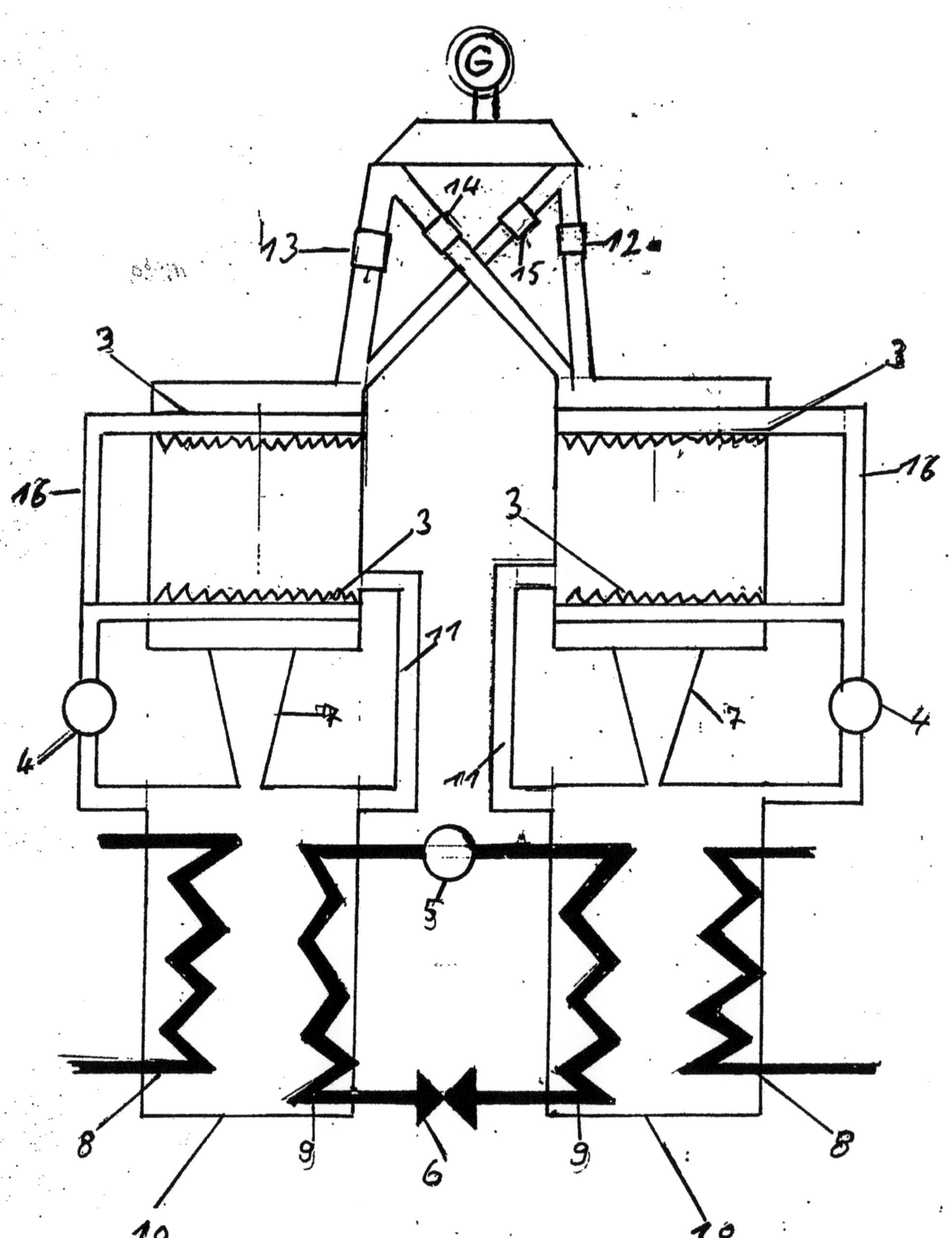

808 829/40

⑲ BUNDESREPUBLIK DEUTSCHLAND

DEUTSCHES PATENTAMT

⑫ **Offenlegungsschrift**
⑪ **DE 3714628 A1**

㉑ Aktenzeichen: P 37 14 628.9
㉒ Anmeldetag: 2. 5. 87
㊸ Offenlegungstag: 26. 11. 87

㉛ Int. Cl. 4:
F 01 K 25/00
F 01 K 27/00

Behördeneigentum

DE 3714628 A1

Mit Einverständnis des Anmelders offengelegte Anmeldung gemäß § 31 Abs. 2 Ziffer 1 PatG

⑦ Anmelder:

Pfautsch, Emil, 5620 Velbert, DE

㉒ Erfinder:

gleich Anmelder

㊺ Osmotischer Generator

In einem Druckbehälter, abgeteilt durch eine halbdurchlässige Membrane, befindet sich im linken Teil des Behälters
verdünnte KNO-Lösung, im rechten Teil konzentrierte KNO_3-
Lösung.
Die Lösung im linken Teil des Behälters hat eine Temperatur
von 0°C, die Lösung im rechten Teil eine Temperatur von
80°C.
Es entsteht im rechten Teil des Behälters ein osmotischer
Druck. Das unter Druck stehende Wasser treibt eine Turbine
an.
Im rechten Teil des Behälters hat man eine Heizschlange
sowie eine Kondensationsschlange einer Wärmepumpe.
Das gelöste Salz, das im Wasser, das von der Turbine
kommt, gelöst ist, wird in der kalten Lösung als Bodenkörper
abgeschieden und wird wieder in die heiße Lösung einge-
pritzt.

1

Patentanspruch

Osmotischer Generator, **dadurch gekennzeichnet,** daß man eine schwach konzentrierte kalte KNO_3-Lösung und eine heiße stark konzentrierte KNO_3-Lösung durch eine halbdurchlässige Membrane getrennt hat.

Die kalte Lösung wird durch eine Wärmepumpe auf 0°C gehalten. Die warme Lösung durch eine Zusatzheizung in Form einer Heizschlange die mit warmen Wasser gefüllt ist auf 35°C gehalten. Der entstehende osmotische Druck wird zur Turbine geleitet und in elektrische Energie mittels eines Generators verwandelt. Nachdem die heiße Lösung die Turbine passiert hat wird sie in die kalte Lösung geleitet dort scheidet sich das überschüssige Salz als Bodenlösung aus.

Das überschüssige Salz wird mit einer Pumpe in die heiße Lösung gespritzt.

Beschreibung

Angaben zur Gattung

Die Anlage soll es möglich machen Wärmeenergie niedrigen Potentials wirtschaftlich in elektrische Energie umzuwandeln. Als Wärmequellen können verwendet werden: Solarwärme, Erdwärme, die Wärme tropischer Meere, und Abwärme von Kraftwerken und Industriebetrieben.

Stand der Technik

Es gibt Wärmekraftmaschinen mit Ammoniak als Arbeitsmittel, die in einem thermodynamischen Kreisprozeß elektrische Energie erzeugen.

Kritik des Standes der Technik

Wegen der geringen Temperaturen ist der Wirkungsgrad nach Cornat sehr gering die meiste Wärme fällt als Abwärme am Kondensator an.

Aufgabe

Der Erfindung liegt die Aufgabe zugrunde einen Weg zu finden wie die Wärme niederen Potentials wirtschaftlich zu nutzen ist.

Diese Aufgabe wird erfindungsgemäß dadurch gelöst, daß man das Temperaturabhängige Verhalten von KNO_3 in bezug auf seine Löslichkeit ausnutzt. Man hat eine heiße Lösung von KNO_3 und eine kalte Lösung von KNO_3.

In der heißen Lösung von KNO_3 ist viel mehr Salz gelöst als in der kalten Lösung. Es entsteht in der heißen Lösung ein osmotischer Druck weil durch eine halbdurchlässige Membran aus der kalten Lösung Wasser in die heiße Lösung dringt. Dieses Wasser erzeugt einen Druck und der unter Druck stehenden Salzlösung wird eine Turbine angetrieben.

Erzielbare Vorteile

Die mit der Erfindung erzielbaren Vorteile liegen in dem höheren Wirkungsgrad der Anlage.

2

Beschreibung eines Ausführungsbeispieles

Es zeigt

1 = Wärmeisolierung
2 = Generator
3 = Turbine
4 = Heizschlange für Warmwassereinlaß
5 = Kondenstions und Verdampfungsschlange der Wärmepumpe
6 = Rührbesen
7 = Motor für Rührbesen
8 = Motor und Pumpe für Salzeinspritzung
9 = Düse für Salzeinspritzung
10 = Bodenkörper zur Salzabscheidung
11 = Füllrohr
12 = verdünnte KNO_3 Lösung
13 = konzentrierte KNO_3-Lösung, Verstärkung für halbdurchlässige Membran
14 = Expansionsventil
15 = Motor für Wärmepumpe
16 = halbdurchlässige Membran

In einen Druckbehälter befindet sich abgetrennt durch eine halbdurchlässige Membran rechts konzentrierte KNO_3 Lösung, links verdünnte KNO_3 Lösung.

Der Druckbehälter ist rechts wärmeisoliert ausgeführt.

Im linken Teil des Behälters ist keine Wärmeisolierung vorgesehen.

Im rechten Teil des Behälters befindet sich eine Heizschlange diese heizt die Lösung auf 80°C auf.

Da daß KNO_3 Salz in seinem Verhalten bezogen auf die Löslichkeit stark temperaturabhängig ist, wird in der heißen Lösung mehr Salz gelöst.

Im linken Teil des Behälters sorgt eine Wärmepumpe für eine Temperatur von 0°C. Es ist viel weniger Salz gelöst, man hat zwei Lösungen unterschiedlicher Konzentration vor sich.

Die Lösung mit der stärkeren Konzentration versucht sich zu verdünnen, und es strömt durch die halbdurchlässige Membran Wasser zu der konzentrierten Lösung.

Dieses eingedrungene Wasser erzeugt einen Druck im rechten Teil des Behälters. Etwas Wasser strömt über die Turbine durch den Einfüllstutzen in den linken Teil des Behälters.

Das mit dem Wasser mitgeführte Salz scheidet sich in der kalten Lösung als Bodenkörper ab.

Hat die Lösung sich soweit verdünnt das der Druck nachgelassen hat, so wird durch die Pumpe das Salz abgesaugt und eingespritzt.

Der Druck baut sich wieder auf und der Vorgang beginnt von neuem. Der sogenannte osmotische Druck kann sehr hoch werden deshalb muß die Membran abgestützt werden weil sie dem Druck standhalten muß.

Durch das Verdünnen der Lösung wird dauernd Wärme verbraucht. Diese Wärme liefert die Heizschlange.

Die Abwärme des Wärmepumpenmotors wird durch das Kühlwasser aus dem linken Teil des Behälters abgeführt.

– Leerseite –

Nummer: 37 14 628
Int. Cl.⁴: F 01 K 25/00
Anmeldetag: 2. Mai 1987
Offenlegungstag: 26. November 1987

3714628

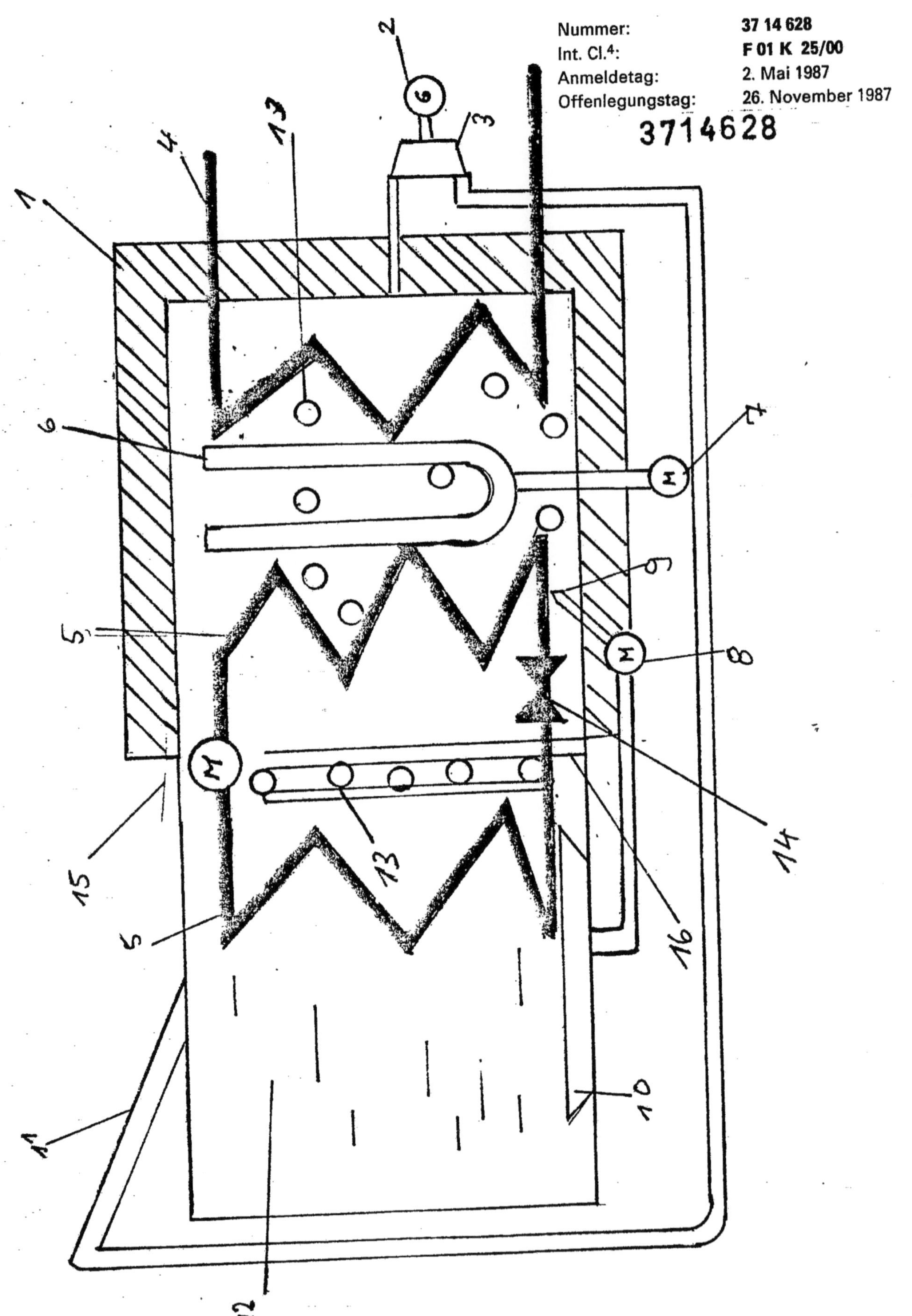

(19) BUNDESREPUBLIK DEUTSCHLAND

DEUTSCHES PATENTAMT

(12) Offenlegungsschrift

(11) DE 37 23 002 A1

(51) Int. Cl. 4: F 03 B 13/18

(21) Aktenzeichen: P 37 23 002.6
(22) Anmeldetag: 11. 7. 87
(43) Offenlegungstag: 19. 1. 89

DE 37 23 002 A1

(71) Anmelder:
Pfautsch, Emil, 5620 Velbert, DE

(72) Erfinder:
gleich Anmelder

(54) Wellengenerator

In einem stabilen Rahmen aus Stahlrohr befinden sich zwei oder mehrere Spulen im Winkel von 45°.
An einem Schwimmer ist ein Stabmagnet befestigt.
Rollt die Wellenfront an, so wird der Stabmagnet in die Spule hineingedrückt. Die Spulen haben selber Dauermagnete, und zwar so, daß der Nordpol sowie der Südpol ein Ring ist und auf die Spulen aufgesetzt ist.
Die Polarität der Magnete ist so gewählt, daß sich die Magnete abstoßen, und nach Erreichen des Wellentales wird der Stabmagnet aus der Spule herausgedrückt.

DE 37 23 002 A1

1

Patentanspruch

Wellengenerator, **dadurch gekennzeichnet,** daß in
einen stabilen Rahmen aus Stahlrohr sich zwei oder
mehrere Spulen sich im Winkel von 45° befinden.   5
Außerdem ist an einem Schwimmer ein Stabmagnet befestigt. Die Spulen sind von Dauermagneten
umgeben der am Nord und Südpol zu einem Ring
geformt ist und auf die Spulen aufgesetzt ist.

   10

Beschreibung

Die Erfindung betrifft einen elektrischen Generator
der die Bewegungsenergie der Meereswellen in elektrische Energie umwandelt.   15

Es gibt mechanische Vorrichtungen mit Schwimmern
und dergleichen, die die Bewegungsenergie der Wellen
ausnutzen und einen Generator antreiben.

Durch die vielen beweglichen Teile entsteht eine
komplizierte Mechanik die auch sehr störanfällig ist.   20

Der Erfindung liegt die Aufgabe zugrunde, die Anlage
zu vereinfachen und störungsunanfälliger zu machen.

Diese Aufgabe wird erfindungsgemäß dadurch gelöst,
daß man in einen Stahlrohrrahmen zwei oder mehr Spulen in einem Winkel von 45° angebracht hat.   25

Die Spulen sind von einem Dauermagneten umgeben
und der Dauermagnet hat ringförmige Pole.

Durch die kinetische Energie der Welle wird ein
Schwimmer bewegt an den Schwimmer ist ein Stabmagnet befestigt, dieser wird durch die Welle in die Spule   30
hineingedrückt. Die Magnete sind so gepolt, daß sie sich
abstoßen nach Erreichen des Wellentales wird der Dauermagnet aus der Spule herausgedrückt.

Mit der Erfindung erzielbare Vorteile liegen darin,
daß man keine komplizierte Mechanik mehr benötigt.   35

Ein Ausführungsbeispiel ist in der Zeichnung dargestellt und wird näher erläutert. Es zeigt

1 = Stahlrohrrahmen mit Verstrebungen
2 = Führungsrohr aus Messing
3 = Dauermagnet   40
4 = Spule
5 = Stabmagnet
6 = Schwimmer

In einen stabilen Rahmen **1** aus Stahlrohr der fest im
Meeresboden verankert ist, befinden sich zwei Spulen **4**.   45

Die Spulen sind durch Verstrebungen **1** im Winkel
von 45° fest verankert.

Durch die Spulenmittel verläuft ein Führungsrohr **2**
im Winkel von 45°, das Führungsrohr ist oben und unten
an dem Rahmen befestigt. Das Führungsrohr **2** besteht   50
aus Messing oder einem anderen unmagnetischen Material. Das Rohr geht durch die Mittelpunktachse e eines
Stabmagneten **5** und eines Schwimmers **6** am unteren
Ende ist das Rohr an dem Rahmen befestigt.

Die Spulen **4** sind von ringförmigen Dauermagneten **3**   55
umgeben. Das heißt der Nord- und der Südpol sind ein
Ring und sind auf die Spule aufgesetzt.

Die Polarität der Magnete ist so gewählt, daß der
Stabmagnet aus der Spule herausgedrückt wird.

Rollt nun die Wellenfront an so wird auf den Schwim-   60
mer eine Kraft ausgeübt, außerdem wirkt noch der hy-
drostatische Auftrieb an dem Schwimmer.

Der Dauermagnet wird in die Spule hineingedrückt
und erzeugt in der Spule eine Felddänderung.

Es wird in der Spule eine Spannung induziert.   65

Folgt nun das Wellental so geht der Dauermagnet in
die Ausgangsstellung zurück.

– Leerseite –

Nummer: **37 23 002**
Int. Cl.⁴: **F 03 B 13/18**
Anmeldetag: 11. Juli 1987
Offenlegungstag: 19. Januar 1989

3723002

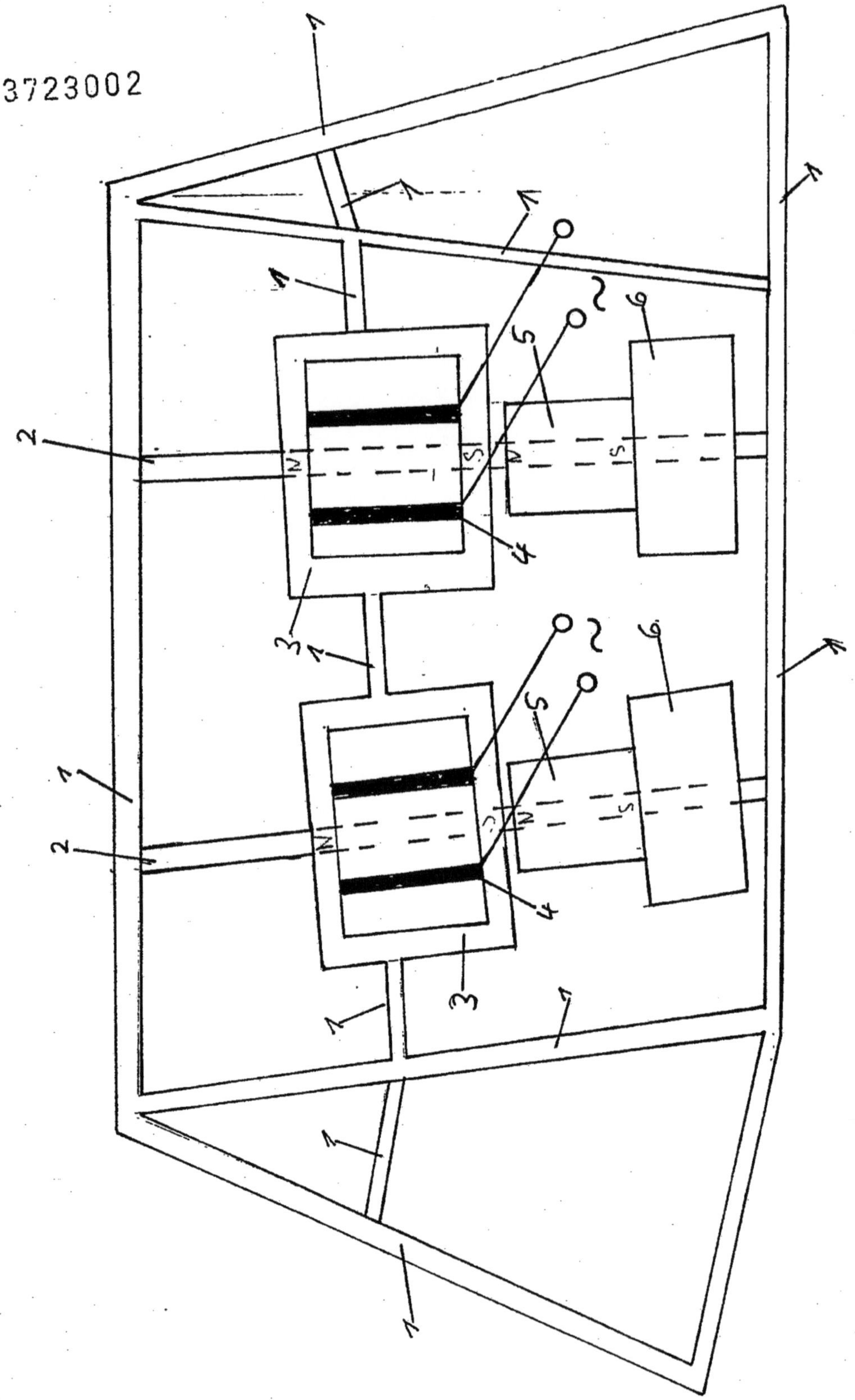

(19) BUNDESREPUBLIK DEUTSCHLAND

DEUTSCHES PATENTAMT

(12) **Offenlegungsschrift**

(11) **DE 3812995 A1**

(51) Int. Cl. 4:
F 01 K 25/00
F 03 G 7/06

(21) Aktenzeichen: P 38 12 995.7
(22) Anmeldetag: 19. 4. 88
(43) Offenlegungstag: 17. 11. 88

DE 3812995 A1

Mit Einverständnis des Anmelders offengelegte Anmeldung gemäß § 31 Abs. 2 Ziffer 1 PatG

(71) Anmelder:
Pfautsch, Emil, 5620 Velbert, DE

(61) Zusatz zu: P 37 14 628.9

(72) Erfinder:
gleich Anmelder

(54) Osmotischer Generator

In einem Druckgefäß, abgetrennt durch eine halbdurchlässige Membrane, befindet sich links reines Wasser, rechts konzentrierte Kochsalzlösung.
Das reine Wasser diffundiert durch die Membrane in die konzentrierte Lösung und baut einen Druck auf. Das eingedrungene Wasser steht mit dem Lösungswasser unter Druck und treibt eine Turbine an. Nach der Turbine wird das eingedrungene Wasser mit dem Lösungswasser in den linken Teil des Behälters geleitet; die Salzkonzentration des reinen Wassers nimmt zu. Dieses Salz wird durch einen Entsalzer zu der konzentrierten Lösung rückgeführt.

DE 3812995 A1

1

Patentansprüche

1. Osmotischer Generator **dadurch gekennzeichnet,** daß in einem Behälter getrennt durch eine halbdurchlässige Membrane sich reines Wasser und hinter der Membrane sich konzentrierte Salzlösung befindet, außerdem ist in der konzentrierten Salzlösung eine Heizung vorgesehen.

2. Osmotischer Generator nach Anspruch 1, dadurch gekennzeichnet, daß der Entsalzer aus ineinander geschachtelten Elektrodentaschen besteht, die isoliert sind. Außerdem ist ein Umschaltekontakt vorgesehen.

Beschreibung

Angaben zur Gattung

Die Anlage soll es möglich machen, Wärmeenergie niederen Potentials wirtschaftlich in elektrische Energie umzuwandeln. Als Wärmequellen können dienen: Solarwärme, Erdwärme, die Wärme tropischer Meere, und die Abwärme von Kraftwerken und Industriebetrieben.

Stand der Technik

Es gibt Wärmekraftmaschinen mit Ammoniak oder Propan als Arbeitsmittel, die in einen thermodynamischen Kreisprozeß elektrische Energie erzeugen.

Kritik des Standes der Technik

Wegen der geringen Temperaturen ist der Wirkungsgrad nach Cornat sehr gering; die meiste Wärme fällt als Abwärme am Kondensator an.

Aufgabe

Der Erfindung liegt die Aufgabe zugrunde einen Weg zu finden, wie die Wärme niederen Potentials wirtschaftlich zu nutzen ist. Diese Aufgabe wird erfindungsmäßig dadurch gelöst, daß man in einem Druckgefäß durch eine halbdurchlässige Membrane rechts konzentrierte Salzlösung hat und im linken Teil des Gefäßes reines Wasser.

Die Lösung versucht sich zu verdünnen und es dringt durch die Membrane reines Wasser in die Lösung.

Dadurch entsteht ein Druck der eine Turbine antreibt. Nach der Turbine wird das Salzwasser in den linken Teil des Behälters geleitet. Die Salzkonzentration im linken Teil des Druckgefäßes nimmt zu. Dieses Salz wird durch einen Entsalzer entfernt und der konzentrierten Lösung zugeführt.

Erzielbare Vorteile

Die mit der Erfindung erzielbaren Vorteile liegen in einen höheren Wirkungsgrad der Anlage

Beschreibung eines Ausführungsbeispieles

Es zeigen:

1 Turbine
2 Heizschlange mit Warmwasserfüllung
3 Motor
4 Pumpe für Salzrückführung

2

6 positive Elektrodentasche
7 negative Elektrodentasche
8 Rührwerk
9 halbdurchlässige Membrane
10 Umschaltekontakte

In einem Druckgefäß befindet sich abgetrennt durch eine halbdurchlässige Membrane **Fig. 9** rechts konzentrierte Kochsalzlösung links reines Wasser.

Die Salzlösung wird durch eine Heizschlange **Fig. 2** mit warmem Wasser auf 35° aufgeheizt. Das reine Wasser hat das Bestreben die Salzlösung zu verdünnen und diffundiert durch die Membrane **Fig. 9.** Durch das Eindringen des Wassers entsteht ein Druck; dieser Druck treibt eine Turbine mit Generator an.

Das diffundierte Wasser mit Salzlösung aus der Turbine **Fig. 1** wird in den linken Teil des Gefäßes geleitet die Salzkonzentration des reinen Wassers *nu* nimmt zu. In dem Gefäß mit reinem Wasser befinden sich Elektrodentaschen **Fig. 6, 7.** Diese sind wie die Zinken eines Kammes ineinandergeschachtelt.

An die Elektrodentaschen **Fig. 6, 7** wird eine Gleichspannung von 1000 Volt angelegt, die Elektrodentaschen sind isoliert auf die Spannung, es fließt kein Strom.

Zwischen den Elektrodentaschen **Fig. 6, 7** entsteht ein elektrisches Feld. Unter dem Einfluß des elektrischen Feldes wandern die Ionen der Salzlösung zu den Elektrodentaschen. Die Anionen zu Anode die Kationen zur Kathode. An den Elektronentaschen sammeln sich Ionen und können abgesaugt werden. Dadurch daß die abgesaugten Ionen aus der Lösung verschwinden, nimmt die Salzkonzentration der Lösung ab. Die Anionen und Kationen verlaufen in einem Rohr zusammen und werden in die konzentrierte Lösung gepumpt. Zur besseren Durchmischung ist ein Rührwerk vorgesehen. Dadurch daß die Lösung sich verdünnt, verbraucht sie Wärme, die Wärme wird von der Heizschlange geliefert.

Vor dem Absaugen der Ionen werden die Elektroden spannungsfrei gemacht, dies geschieht durch den Umschaltekontakt der die Elektroden kurzschließt.

Rechenbeispiel zum besseren Verständnis

In einer Lösung von NaCl Salz sind 380 g/Liter gelöst. Die Lösung hat eine Temperatur von 35°.
Der osmotische Druck berechnet sich wie folgt.

$$P = \frac{n \cdot R \cdot T}{V}$$

n = Teilchenzahl in mol
V = Volumen der Lösung
T = absolute Temperatur

$$\frac{2 \cdot 380 \cdot 0{,}083 \cdot 308}{54{,}43 \cdot 1} = 332{,}511 \text{ bar}$$

- Leerseite -

Nummer: **38 12 995**
Int. Cl.⁴: **F 01 K 25/00**
Anmeldetag: 19. April 1988
Offenlegungstag: 17. November 1988

3812995

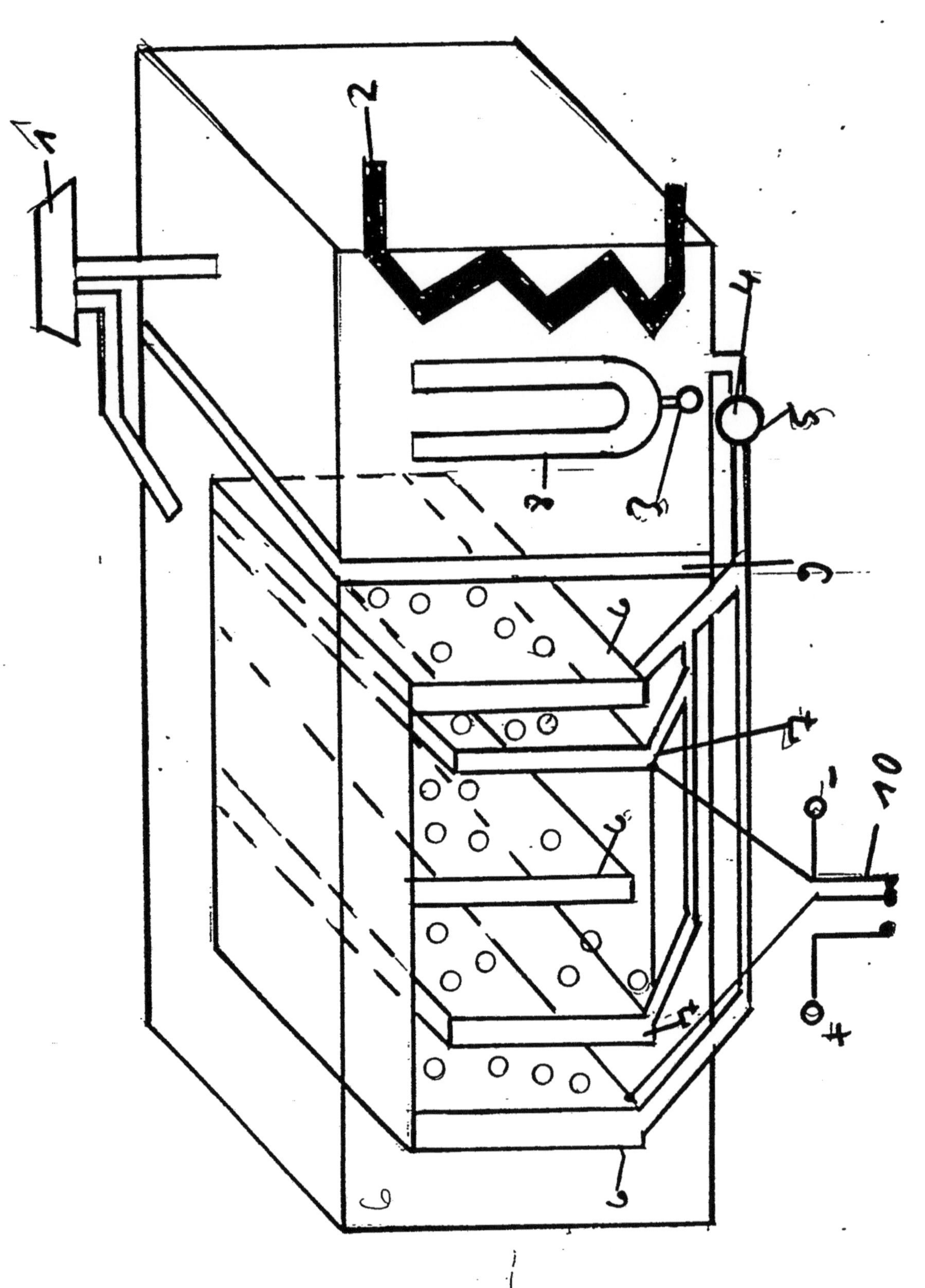

808 846/479

(19) BUNDESREPUBLIK DEUTSCHLAND

DEUTSCHES PATENTAMT

(12) Offenlegungsschrift

(11) DE 4004306 A1

(51) Int. Cl. 5: H02K 21/14

(21) Aktenzeichen: P 40 04 306.1
(22) Anmeldetag: 13. 2. 90
(43) Offenlegungstag: 13. 9. 90

DE 4004306 A1

Mit Einverständnis des Anmelders offengelegte Anmeldung gemäß § 31 Abs. 2 Ziffer 1 PatG

(71) Anmelder:
Pfautsch, Emil, 5620 Velbert, DE

(72) Erfinder:
gleich Anmelder

(54) Permanentmagnetischer Generator mit magnetischen Nebenschluß

In zwei magnetischen Rahmen befinden sich drehbar gelagert Stabmagnete. In den Schenkeln der Rahmen befinden sich ein Dauermagnet an den anderen Schenkel Spulen.
Die Stabmagnete rotieren und erzeugen in den Spulen eine Feldänderung.

DE 4004306 A1

1

Beschreibung

Gattung des Anmeldegegenstandes

Die Erfindung betrifft einen elektrischen Generator.

Angaben zur Gattung

Die Maschine soll es möglich machen mit einem Minimum an mechanischer Energie elektrische Energie zu erzeugen.

Stand der Technik mit Fundstellen

Es gibt bereits Generatoren mit hohem Wirkungsgrad.

Kritik des Standes der Technik

Die Generatoren benötigen eine Antriebsenergie die in elektrische Energie umgewandelt wird.

Aufgabe

Der Erfindung liegt die Aufgabe zugrunde, den Aufwand an mechanischer Energie so gering wie möglich zu halten.

Diese Aufgabe wird erfindungsgemäß dadurch gelöst, daß man zwei magnetische Eisenrahmen hat. In jeden Eisenrahmen befindet sich ein Dauermagnet, die Magnete sind gleichmäßig gepolt. In den anderen Schenkel *dr* der Rahmen befindet sich eine Spule. In der Mitte der Rahmen rotieren zwei Stabmagnete, die Stabmagnete sind gegensinnig gepolt.

Der Stabmagnet wird in den ersten Rahmen abgestoßen, im zweiten Rahmen angezogen, so daß sich die Drehmomente aufheben.

Im ersten Rahmen steht der Nordpol an den Nordpol des Dauermagneten des Rahmens gegenüber.

Die Feldlinien verlaufen vom Dauermagneten des Rahmens in die Spule an den Schenkel des Rahmens.

An den zweiten Rahmen steht der Südpol den Nordpol des Dauermagneten des Rahmens gegenüber die Feldlinien verlaufen vom Dauermagneten des Rahmens durch den drehbaren Stabmagneten die Spule am Schenkel des Rahmens erhält weniger Feldlinien. In beiden Fällen wird eine Spannung induziert.

Bei angeschlossenen Verbraucher fließt ein Strom durch die Spule und baut ein Magnetfeld auf.

Das Magnetfeld in der Spule ist so gerichtet, daß es seinen Entstehungsursprung zu hindern versucht.

Im ersten Rahmen versucht die Spule, eine Zunahme des Magnetfeldes zu verhindern und schwächt das Feld des Dauermagneten.

Dadurch wird der drehbare Stabmagnet weniger stark abgestoßen. In den zweiten Rahmen wird das Feld der Spule durch den Stabmagneten geschwächt, die Spule versucht, ein Feld aufzubauen was das schwingende Magnetfeld stärkt und der zweite Stabmagnet wird stärker angezogen.

Erzielbare Vorteile

Die mit der Erfindung erzielbaren Vorteile liegen darin, daß man mit einem Minimum an mech. Energie elektrische Energie erzeugen kann, man muß nur die Reibungsverluste des Generators überwinden. Es zeigt

2

Beschreibung eines Ausführungsbeispieles

Fig. 1 = Quermagnete,
Fig. 2 = Polschuhe,
Fig. 3 = Spulen,
Fig. 4 = Stabmagnete.

In zwei magnetischen Eisenrahmen befinden sich in einen Schenkel des Rahmens ein Dauermagnet Fig. 1 in dem anderen Schenkel eine eisengefüllte Spule Fig. 3. Die Dauermagnete Fig. 1 der Rahmen sind gleichnamig gepolt.

In der Mitte der Rahmen befinden sich drehbar gelagert zwei Stabmagnete Fig. 4.

Die Stabmagnete sind gegensinnig gepolt.

Im ersten Rahmen befindet sich der Nordpol des Stabmagneten Fig. 4 auf den Nordpol des Dauermagneten und der Stabmagnet Fig. 4 wird abgestoßen.

In dem zweiten Rahmen befindet sich der Südpol des Stabmagneten auf dem Nordpol des Dauermagneten Fig. 1 und der Stabmagnet Fig. 4 wird angezogen, die Drehmomente arbeiten gegeneinander und heben sich auf.

Dadurch, daß der Nordpol des Stabmagneten Fig. 4 auf den Nordpol des Dauermagneten Fig. 1 im ersten Rahmen trifft gehen die Feldlinien vom Dauermagneten Fig. 1 durch die Spule Fig. 3.

Im zweiten Rahmen gehen die Feldlinien vom Dauermagneten Fig. 1 durch den Stabmagneten Fig. 4 und zurück zum Dauermagneten Fig. 1 das Feld der Spule Fig. 3 wird geschwächt.

In beiden Fällen entspricht das in den Spulen Fig. 3 eine Feldänderung und es wird eine Spannung induziert.

Bei angeschlossenen Verbraucher fließt ein Strom durch die Spulen Fig. 3 und die Spulen bauen ein Feld auf. Das Spulenfeld ist immer so gerichtet, daß es seinen Entstehungsursprung zu hindern versucht. In der Spule des ersten Rahmens hat man es mit einer Zunahme des Feldes zu tun das Spulenfeld schwächt das Feld des Dauermagneten Fig. 1 und der Stabmagnet Fig. 4 wird weniger stark abgestoßen.

In der Spule des zweiten Rahmens hat man es mit einer Abnahme des Feldes zu tun.

Die Spule verstärkt das Feld des Dauermagneten Fig. 1 und der Stabmagnet wird stärker angezogen.

Es entsteht ein Drehmoment so daß die Maschine fast verlustfrei arbeitet.

Patentanspruch

Permanentmagnetischer Generator mit magnetischen Nebenschluß, **dadurch gekennzeichnet,** daß in zwei magnetischen Eisenrahmen in einen Schenkel des Rahmens sich ein Dauermagnet sich befinden und im anderen Schenkel der Rahmen sich eine Spule befindet, in der Mitte der Rahmen befinden sich drehbar gelagert Stabmagnete, die gegensinnig gepolt sind, die Stabmagnete drehen sich im Uhrzeigersinn und verursachen in den Spulen eine Feldänderung.

Hierzu 1 Seite(n) Zeichnungen

— Leerseite —

Nummer: **DE 40 04 306 A1**
Int. Cl.⁵: **H 02 K 21/14**
Offenlegungstag: 13. September 1990

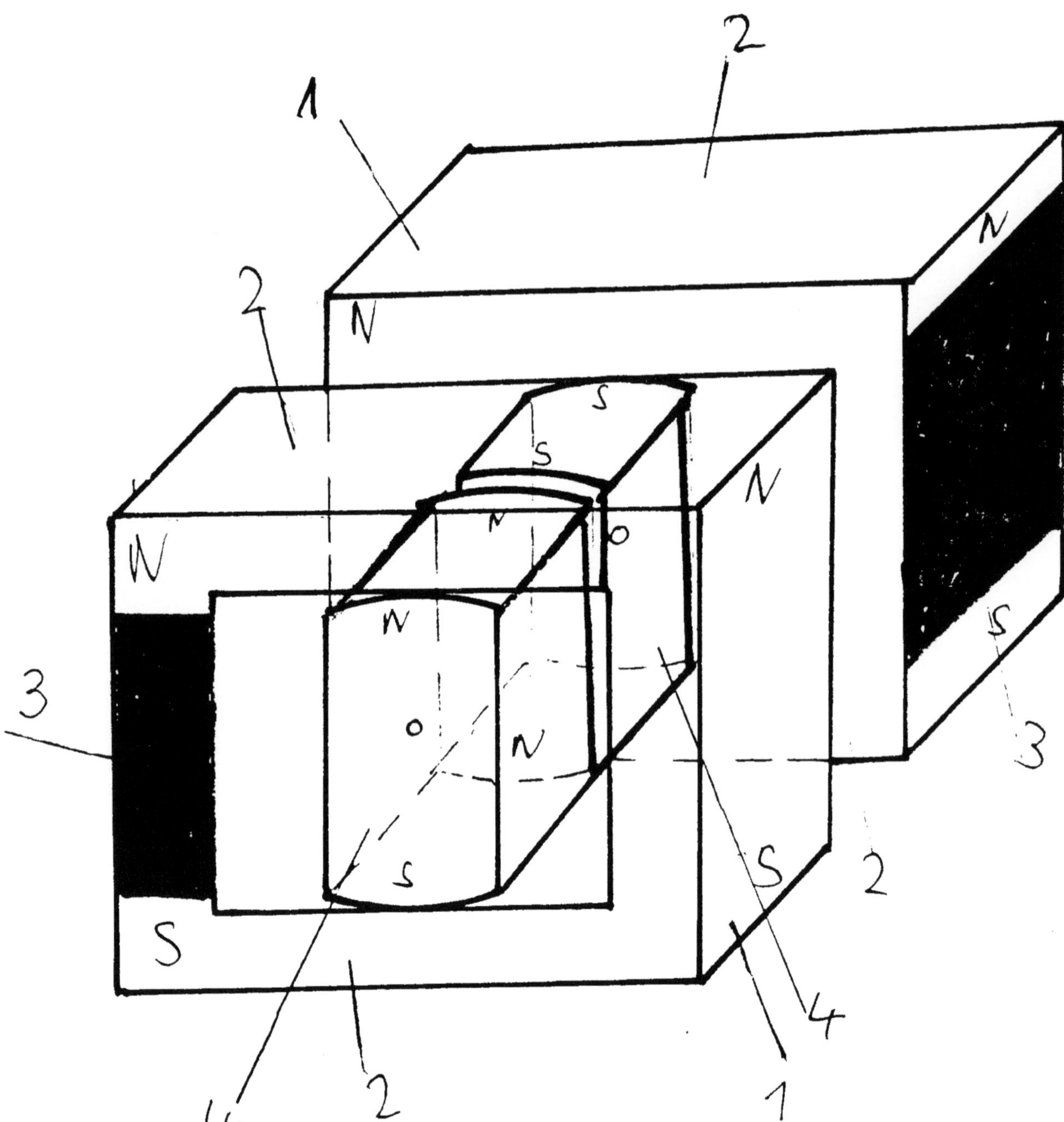

⑲ **BUNDESREPUBLIK DEUTSCHLAND**

⑫ **Offenlegungsschrift**

⑪ **DE 4014028 A1**

⑤ Int. Cl. 5:
H 02 K 21/02

DEUTSCHES PATENTAMT

㉑ Aktenzeichen: P 40 14 028.8
㉒ Anmeldetag: 2. 5. 90
㊸ Offenlegungstag: 4. 10. 90

Mit Einverständnis des Anmelders offengelegte Anmeldung gemäß § 31 Abs. 2 Ziffer 1 PatG

㉛ Anmelder:

Pfautsch, Emil, 5620 Velbert, DE

㉜ Erfinder:

gleich Anmelder

㊵ Permamentmagnetischer Generator mit magn. Abschirmung

In einem hufeisenförmigen Dauermagneten befindet sich am unteren Schenkel eine quadratische Aussparung. In der Aussparung bewegt sich ein quaderförmiges Eisenstück mit Spule.
Um das Eisenstück sind Abschirmplatten angeordnet und diese werden durch Kolben die an den Platten befestigt sind durch Öldruck bewegt. Werden die Abschirmplatten zum Nordpol des Dauermagneten bewegt, so bewegt sich das Eisenstück durch eine gespannte Druckfeder nach unten, und in der Spule des Eisenstückes wird infolge der Feldänderung eine Spannung induziert. Werden die Abschirmplatten nach unten gefahren, so geht das Eisenstück zum Nordpol hin und es wird wieder eine Spannung induziert.

1

Beschreibung

Gattung des Anmeldegegenstandes

Die Erfindung betrifft einen elektrischen Generator.

Angaben zur Gattung

Die Maschine soll es möglich machen, einen Generator zu schaffen, der ohne Antriebsenergie auskommt.

Stand der Technik

Es gibt bereits Generatoren mit hohem Wirkungsgrad.

Kritik des Standes der Technik

Die herkömmlichen Generatoren benötigen eine Antriebsleistung.

Aufgabe

Der Erfindung liegt die Aufgabe zugrunde, einen Generator zu schaffen, der die gespeicherte Energie des Magnetismus ausnützt und so keine Antriebsleistung benötigt.

Erzielbare Vorteile

Die mit der Erfindung erzielbaren Vorteile liegen darin, daß man Energie zum 0-Tarif erzeugen kann.

Beschreibung eines Ausführungsbeispieles

Es zeigt

1 = Dauermagnet
2 = Polschuhe
3 = Abschirmplatten
4 = Kolben
5 = Zylinder
6 = Stützrohre
7 = Führungsstangen
8 = Druckfeder
9 = Spule
10 = Eisenstück
11 = Öldruckgefäß
12 = Kolben
13 = Spule
14 = Dauermagnet
15 = Druckfeder
16 = Akku

Auf einen kräftigen Dauermagneten 1 sind zwei Polschuhe 2 aufgesetzt. Im unteren Polschuh des Südpoles befindet sich eine quadratische Aussparung, durch diese geht ein quaderförmiges Eisenstück 1 hindurch. Das Eisenstück ist beweglich angeordnet und wird durch zwei Führungsrohre 7, die aus unmagnetischem Material bestehen, geführt. Außerdem befindet sich noch eine Druckfeder 8 am Eisenstück. Um das Eisenstück 10 herum sind Abschirmplatten 3 angeordnet. Die Abschirmplatten bilden im Querschnitt ein Quadrat und die Abschirmplatten 3 bewegen sich senkrecht nach oben und unten und werden durch die Zylinder, in die ein Kolben

2

greift, geführt. Außerdem befinden sich noch zwei Stützen 6 aus unmagnetischem Material an den Polschuhen 2. Denn durch die Aussparung in der Mitte des Polschuhes und den Aussparungen für die Abschirmung 3 wird ein quadratischer Ring gebildet, der abgestützt werden muß.

In der **Abb.** A ist das Eisenstück 10 nach unten durch die Druckfeder 8 bewegt worden. Die Abschirmung 3 befindet sich am Nordpol des Polschuhes 2. Daher gehen die Feldlinien des Dauermagneten 1 lieber durch die Abschirmung als durch den Luftspalt zwischen Eisenstück und Polschuh 2. In der **Abb.** B ist das Eisenstück 10 am oberen Polschuh 2, und es bildet sich ein Luftspalt zwischen Eisenstück 10 und Polschuh 2. Die Abschirmung 3 ist nach unten gefahren. Die Feldlinien gehen in diesem Fall lieber durch das Eisenstück 10 als durch die Abschirmung 3, weil der Luftspalt zwischen Polschuh 2 des Nordpoles und den Abschirmplatten 3 größer ist. Wenn die Abschirmung bewegt wird, so folgt aufgrund der Feldänderung das Eisenstück 10 der Bewegung und infolge der Feldänderung wird in der Spule 9 eine Spannung induziert. Die Abschirmung 3 wird durch Kolben 4, die an den Abschirmplatten befestigt sind und in die Zylinder 5 tauchen, bewegt.

In den Zylindern 5 befindet sich Öl, das Öl wird durch eine Rohrleitung in einen Behälter 11 geleitet, in dem Behälter 11 befindet sich ein Kolben 12 mit Kolbenstange und einer Druckfeder 15, am Ende des Kolbens befindet sich ein Dauermagnet 14, dieser taucht in das Feld einer Hohlspule 13. Soll nun die Abschirmung 3 heruntergefahren werden, so wird an der Spule 13 ein Akku angeschlossen, durch das sich aufbauende Magnetfeld wird der Dauermagnet 14 aus der Spule herausgedrückt. Außerdem unterstützt die zusammengedrückte Feder 10 die Arbeit. Der Kolben 12 wird heruntergedrückt und schiebt das Öl vor sich her. Durch den Öldruck werden in den Zylindern 5 die Kolben nach unten bewegt und die Abschirmung 3 wird entgegen der Anziehungskraft nach unten bewegt. Soll die Abschirmung 3 sich nach oben bewegen, so wird der Akku abgeschaltet. Das Feld in der Spule 13 verschwindet und die Abschirmung bewegt sich infolge der Anziehungskraft nach oben; in den Behälter 11 wird die Druckfeder 10 gespannt.

Soll das Ganze als Motor funktionieren, so sind nur geringe Änderungen nötig. So ist am unteren Ende des Eisenstückes eine Hubstange mit Gelenk angebracht, vom Gelenk geht eine Hubstange zu einem Kurbeltrieb und die Hubbewegung des Eisentstückes wird in eine Drehbewegung umgewandelt.

Die Leistung des Generators bzw. Motors ist über die Drehzahl regelbar.

Patentanspruch

Permanentmagnetischer Generator mit magnetischer Abschirmung, **dadurch gekennzeichnet,** daß in einen Hufeisenmagnet sich im unteren Schenkel des Dauermagneten eine quadratische Aussparung befindet. In der Aussparung bewegt sich ein quaderförmiges Eisenstück mit Spule und wird von zwei Führungsrohren geführt. Es befindet sich noch eine Druckfeder am Eisenstück. Außerdem ist das Eisenstück ringsherum von Abschirmplatten umgeben. Die Abschirmplatten werden durch Kolben, die durch Öldruck von einem Ölgefäß bewegt. Der Kolben des Ölgefäßes befindet sich ein Dauermagnet, dieser taucht in das Feld

3

4

einer Spule. Außerdem befindet sich zwischen Kolben und Ölgefäß eine Druckfeder. Die Abschirmung wird nach oben gefahren, das Eisenstück ein
Stück nach unten und die Feldänderung induziert in
der Spule eine Spannung. In der nächsten Phase
wird die Abschirmung nach unten gefahren und das
Eisenstück nach oben, es entsteht wieder eine Feldänderung.

Hierzu 1 Seite(n) Zeichnungen

Nummer: **DE 40 14 028 A1**
Int. Cl.⁵: **H 02 K 21/02**
Offenlegungstag: 4. Oktober 1990

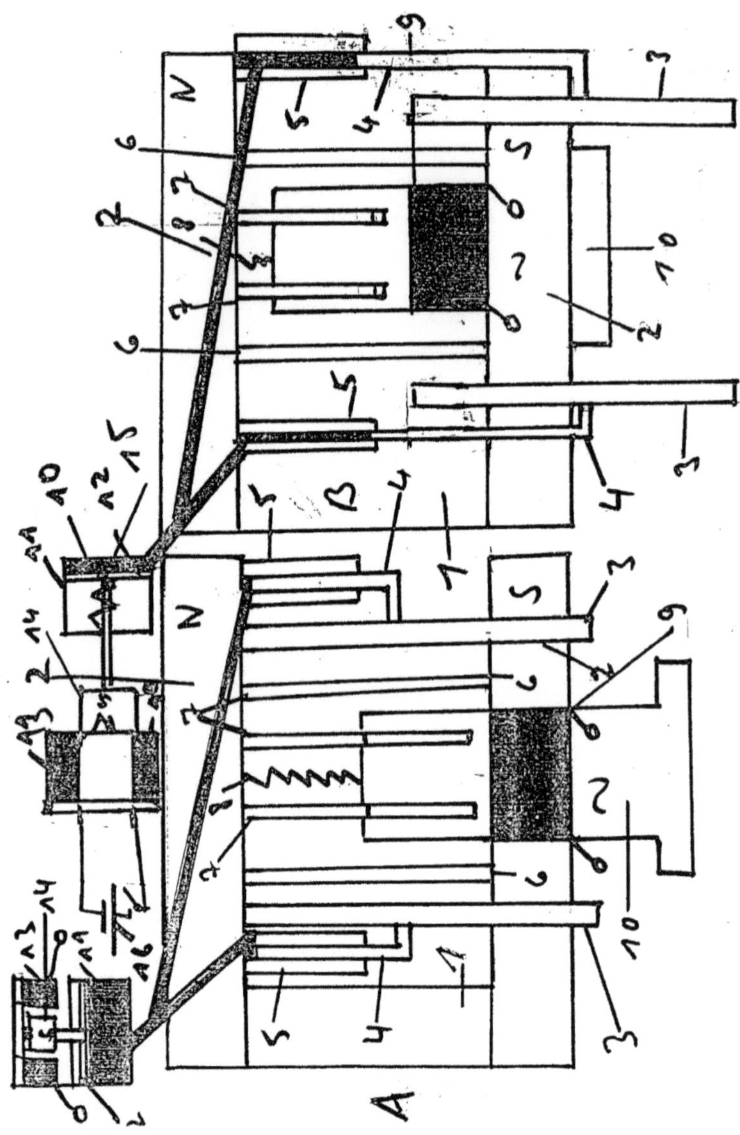

(19) **BUNDESREPUBLIK DEUTSCHLAND**

DEUTSCHES PATENTAMT

(12) **Offenlegungsschrift**

(11) **DE 4017708 A1**

(51) Int. Cl.⁵:
H 02 K 21/02

(21) Aktenzeichen: P 40 17 708.4
(22) Anmeldetag: 1. 6. 90
(43) Offenlegungstag: 20. 12. 90

DE 4017708 A1

Mit Einverständnis des Anmelders offengelegte Anmeldung gemäß § 31 Abs. 2 Ziffer 1 PatG

(71) Anmelder:

Pfautsch, Emil, 5620 Velbert, DE

(61) Zusatz zu: P 40 14 028.8

(72) Erfinder:

gleich Anmelder

(54) **Permanentmagnetischer Generator mit magnetischer Abschirmung**

In einen Dauermagneten mit drei Schenkeln sind Eisenkernstücke mit Spule angeordnet, spiegelbildlich befindet sich ein weiterer Dauermagnet mit drei Schenkeln und Eisenkernstücken.

Um die Kernstücke befindet sich eine Abschirmung aus Abschirmpatten aus ferromagnetischem Material. An den Kopfseiten der Eisenkernstücke rotieren Abschirmkreisscheiben aus Holz mit Eisensegmenten. Es befinden sich vier Abschirmkreisscheiben in dem Generator. Die beiden ersten Abschirmkreisscheiben haben die Eisensegmente um 90° versetzt gegenüber den beiden letzten Scheiben, dadurch wird erreicht, daß sich die Anziehungskräfte an den Segmenten aufheben.

Dadurch, daß die Eisensegmente die lichte Weite im Querschnitt der Abschirmung bedecken und freigeben, wird in den Spulen der Eisenkernstücke eine Wechselspannung induziert.

BUNDESDRUCKEREI   10. 90   008 051/477   5/50

1

Beschreibung

Gattung des Anmeldegegenstandes

Die Erfindung betrifft einen elektrischen Generator.

Angaben zur Gattung

Die Maschine soll es möglich machen, daß man elektrische Energie fast ohne Antriebsenergie gewinnen kann.

Stand der Technik

Es gibt bereits Generatoren mit hohem Wirkungsgrad.

Kritik des Standes der Technik

Die Generatoren benötigen eine Antriebsenergie.

Aufgabe

Der Erfindung liegt die Aufgabe zugrunde, einen Generator zu bauen, der fast ohne Antriebsenergie auskommt.

Erzielbare Vorteile

Die mit der Erfindung erzielbaren Vorteile liegen darin, daß man elektrische Energie fast zum 0 Tarif erzeugen kann.

Es zeigt:

1 = Dauermagnet
2 = Eisenkernstück
3 = Gleichstrommotor
4 = Abschirmplatten
5 = Abschirmkreisscheibe
6 = Spule

Die Abbildung B zeigt den Generator in Seitenansicht und wird näher erläutert.
In einen Dauermagneten mit drei Schenkeln befindet sich jeweils in jeden Abschnitt der durch die Schenkel gebildet wird ein Eisenkernstück **2**. Spiegelgleich befindet sich ebenfalls ein Dauermagnet **1** mit Eisenkernstück **2**. Das Eisenkernstück **2** ist so angeordnet, daß sich ein Luftspalt zwischen den Eisenkern **2** und der Abschirmkreisscheibe **5** sich befindet.
Es befinden sich vier Abschirmkreisscheiben **5** die durch eine Achse di mit einen Motor verbunden sind, drehbar gelagert an den Anfang und am Ende des Eisenkernstückes sind. Die Abschirmkreisscheiben bestehen aus Holz in die Scheibe sind je zwei Eisensegmente eingearbeitet. Das erste Segmentpaar ist so angeordnet, daß das Eisensegment zu gleicher Zeit oben und unten die Abschirmung **4**, die sich um das Eisenstück **2** sich befindet die lichte Weite der Abschirmung bedeckt. Die Abschirmung ist nicht quadratisch im Querschnitt sondern befindet sich außerhalb des Schenkels des Dauermagneten **1**.
Dadurch das die lichte Weite der Abschirmung von der Abschirmscheibe bedeckt wird — gehen die Feldlinien von den Schenkeln des Dauermagneten durch die Abschirmscheibe **5** und durch die Abschirmplatten und

2

das Eisenstück erhält fast keine Feldlinien. Die beiden Abschirmscheiben rechts haben das Eisensegment um 90° versetzt angeordnet gegenüber den Scheiben von links, so daß sich die Anziehungskräfte an den Segmenten aufheben. Wenn die Eisensegmente die Abschirmplatten **4** passiert haben, so gehen die Feldlinien von den Schenkeln des Dauermagneten **1** durch das Eisenkernstück und es wird jedesmal in der Spule **6** eine Spannung induziert. Die Feldlinien gehen deshalb nicht durch die Abschirmplatten **4**, weil diese sich außerhalb der Schenkel des Dauermagneten sich befinden.
Die Abbildung A w zeigt die Vorderansicht aus dieser ist ersichtlich, daß die Abschirmplatten **4** sich außerhalb der Schenkel der Dauermagnete sich befinden.

Patentanspruch

Permanentmagnetischer Generator mit magnetischer Abschirmung, **dadurch gekennzeichnet,** daß in einen Dauermagneten mit drei Schenkeln sich Eisenkernstücke mit Spule befinden, um die Kernstücke ist eine Abschirmung aus ferromagnetischen Material angeordnet. Vor der lichten Weite der Abschirmung rotieren Abschirmkreisscheiben aus Holz, die mit Eisensegmenten versehen sind.
Die Eisensegmente bedecken einmal die lichte Weite der Abschirmung und im nächsten Augenblick bedeckt das Holz die Abschirmung.
Die daraus resultierende Feldänderung induziert eine Wechselspannung in der Spule der Kernstükke.
Es sind vier Eisenkernstücke vorhanden, in den ersten beiden Schenkeln des Dauermagneten und in den letzten beiden Schenkeln mit spiegelbildlich gegenüber den ersten Dauermagneten angeordnet ein zweiter Dauermagnet. Die Segmente sind in den ersten beiden Abschirmkreisscheiben gegenüber den beiden letzten Scheiben um 90° versetzt, so daß sich die Anziehungskräfte an den Segmenten aufheben.

Hierzu 2 Seite(n) Zeichnungen

Nummer: DE 40 17 708 A1
Int. Cl.⁵: H 02 K 21/02
Offenlegungstag: 20. Dezember 1990

Fig. 1

A

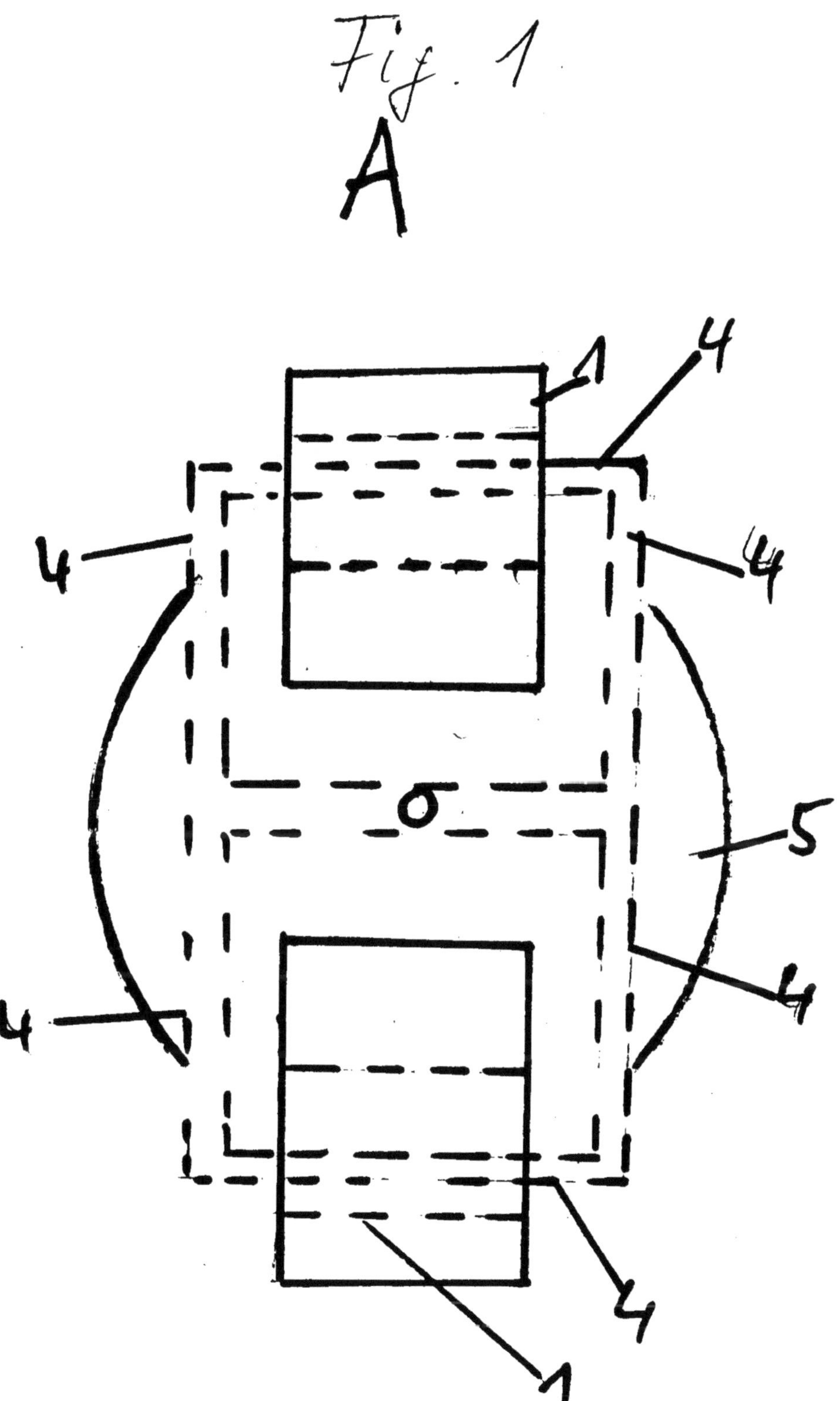

Nummer: DE 40 17 708 A1
Int. Cl.⁵: H 02 K 21/02
Offenlegungstag: 20. Dezember 1990

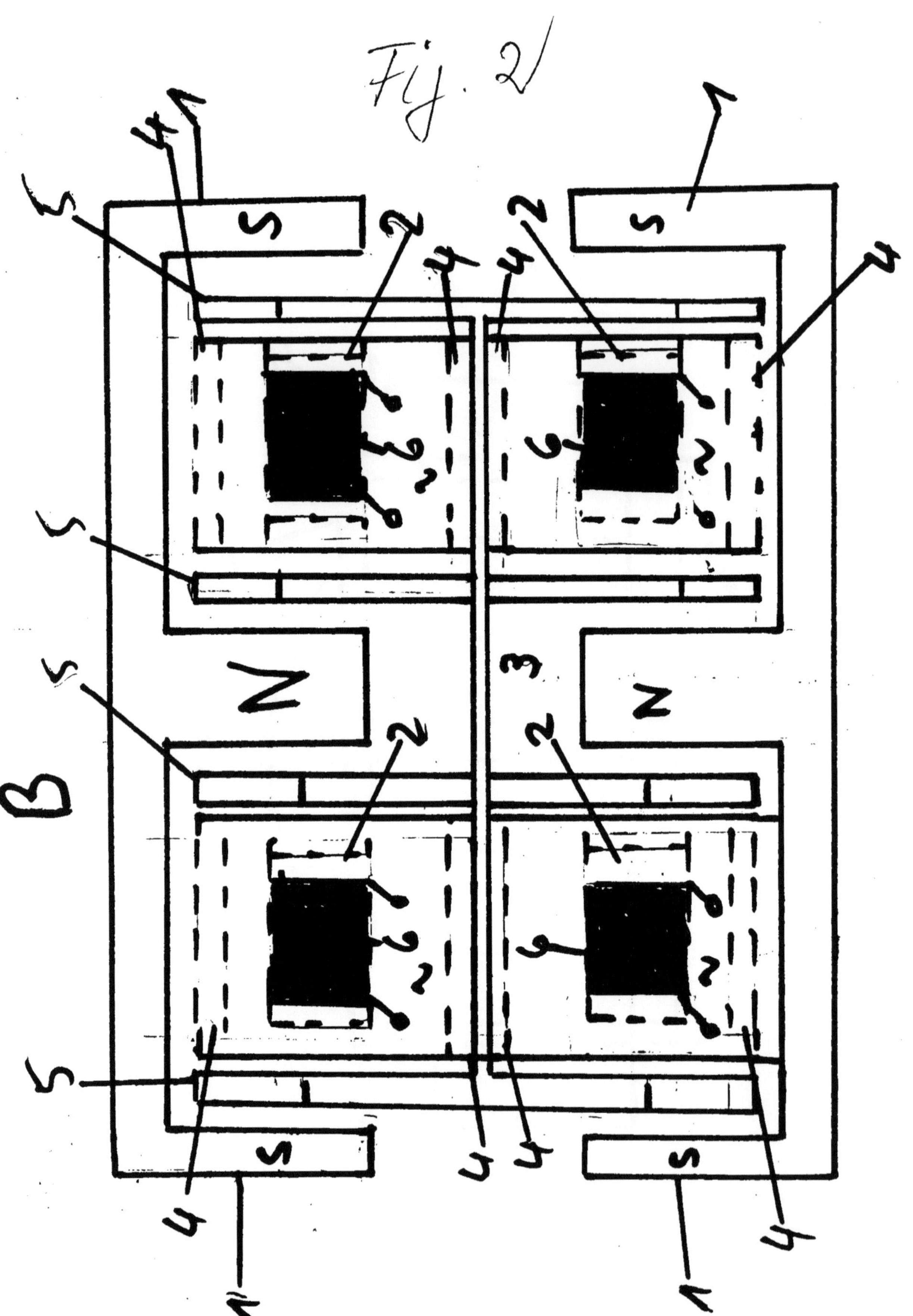

⑲ BUNDESREPUBLIK DEUTSCHLAND

DEUTSCHES PATENTAMT

⑫ **Offenlegungsschrift**
⑪ **DE 4021889 A1**

⑤ Int. Cl. ⁵:
H 02 K 21/02

㉑ Aktenzeichen: P 40 21 889.9
㉒ Anmeldetag: 10. 7. 90
㊸ Offenlegungstag: 13. 12. 90

DE 4021889 A1

Mit Einverständnis des Anmelders offengelegte Anmeldung gemäß § 31 Abs. 2 Ziffer 1 PatG

㋒ Anmelder:

Pfautsch, Emil, 5620 Velbert, DE

㉛ Zusatz zu: P 40 14 028.8

㋲ Erfinder:

gleich Anmelder

㉞ Permamentmagnetischer Motor mit magnetischer Abschirmung

Der Motor besteht aus zwei Hälften dem Vorder- und Hinterteil. Das Vorderteil besteht aus einem als Dauermagneten ausgebildeten Stator mit Polschuhen. Drehbar gelagert ist in der Mitte ein Stabmagnet. Der Stabmagnet ist so gepolt, daß sich der Südpol des Dauermagneten mit dem Südpol des Stators gegenüberstehen. Ebenso der Nordpol des Stators mit dem Nordpol des Stabmagneten.
Im Hinterteil ist der Stabmagnet gegensinnig zu den Stabmagneten des Vorderteiles gepolt. Außerdem befinden sich auf einer Trommel aus Messing Eisensegmente zur Abschirmung.
Die Eisensegmente stehen in der Stellung im Vorderteil, daß sie sich mit den Abschirmsegmenten, die sich im Vorderteil befinden, überlappen. Es entsteht ein Luftspalt zwischen Stabmagnet und Stator. Im Hinterteil befinden sich die Eisensegmente in der Stellung, daß sich ein geschlossener magnetischer Kreis mit den Abschirmsegmenten bildet.
Die Anziehungskraft zwischen den Stabmagneten und den Stator wird aufgehoben. An den Stabmagneten des Vorderteiles entsteht ein Drehmoment. Der Stabmagnet macht eine Drehung von 180° ebenso der zweite Stabmagnet, weil beide durch eine Achse miteinander verbunden sind, danach werden die Eisensegmente um 90° verschoben und das Arbeitsspiel wiederholt sich.

1

Beschreibung

Angaben zur Gattung

Der Motor soll es möglich machen, mechanische Energie durch Feldänderungen eines Dauermagneten zu erzeugen.

Stand der Technik

Es gibt bereits Elektromotoren mit hohen Wirkungsgrad.

Kritik des Standes der Technik

Die herkömmlichen Motoren benötigen eine zugeführte elektrische Leistung.

Aufgabe

Der Motor ist so zu verbessern, daß er ohne Leistungszufuhr auskommt.

Erzielbare Vorteile

Die mit der Erfindung erzielbaren Vorteile liegen darin, daß der Motor ohne eine zugeführte Leistung auskommt.

Zwei Ausführungsbeispiele sind in der Zeichnung dargestellt und werden näher erläutert. Es zeigt

1 = Stator
2 = Polschuhe
3 = Polschuh
4 = Abschirmsegment
5 = Eisensegment
6 = drehbarer Dauermagnet
7 = Achse
8 = Trommel aus unmagnetischen Material

Der Motor besteht aus zwei Hälften. Das Motorgehäuse am Vorderteil A besteht aus den Stator der als Dauermagnet ausgebildet ist mit aufgesetzten Polschuhen 2, 3. In der Mitte drehbar gelagert befindet sich ein Dauermagnet 6 er ist so gepolt das der Südpol des Dauermagneten 6 sich mit den Südpol des Stators gegenübersteht. Ebenso steht sich der Nordpol des rotierenden Magneten 6 mit den Nordpol des Statores sich gegenüber. Das Motorgehäuse am Hinterteil B besteht auch aus Stator 1 mit Polschuhen 2, 3.

Der Nordpol des rotierenden Dauermagneten 6 steht dem Südpol des Statores 1 gegenüber. Der Südpol des Dauermagneten 6 steht dem Nordpol des Statores 1 gegenüber. Dadurch das die Abschirmung 5 die aus Eisensegmenten auf einen Hohlzylinder aus Messing aufgebracht ist. In der Stellung steht das die Abschirmsegmente 4 die aus ferromagnetischen Material bestehen sich überlappen.

An den Polschuhen des Statores wird ein Luftspalt frei und der Dauermagnet 6 ist so gepolt das er sich von den Polschuhen abstößt. Im Hinterteil B des Motores stehen die Abschirmsegmente in der Stellung, das mit den Abschirmsegmenten 4 ein geschlossener magnetischer Kreis gebildet wird.

Es wirkt fast keine Kraft auf den Dauermagneten 6 ein. Dadurch das in den Vorderteil A der Dauermagnet 6 abgestoßen wird entsteht ein Drehmoment und der

2

Dauermagnet 6 macht eine Drehung von 180°. Im Hinterteil B des Motores macht der Dauermagnet ebenfalls eine Drehung von 180° so daß sich der Nordpol des Dauermagneten 6 mit den Nordpol des Statores gegenüberstehen ebenso der Südpol mit dem Südpol. Im Vorderteil A stehen sich jetzt Südpol mit den Nordpol des Statores gegenüber, ebenso Südpol mit den Nordpol des Statores.

Nun macht das Abschirmsegment 5 eine Drehung von 90° so daß im Hinterteil B des Motores die Segmente in der Stellung stehen, daß sie die Abschirmsegmente 4 überlappen und an den Polschuhen ein Luftspalt entsteht. Es entsteht am rotierenden Dauermagneten 6 ein Drehmoment weil sich gleiche Magnetpole sich abstoßen.

Im Vorderteil des Motores stehen sich ungleiche Pole gegenüber werden aber durch die Abschirmung die sich in der Stellung befindet, daß sich ein geschlossener magnetischer Kreis mit den Segmenten 4 sich bildet abgeschirmt und der Motor erhält ein Drehmoment.

Das Arbeitsspiel in den Vorderteil und den Hinterteil des Motores wiederholt sich immer wieder, so daß sich eine dauernde Drehbewegung des Motores bildet. Soll der Motor angehalten werden, so werden die Eisensegmente in Vorder- wie im Hinterteil in die Stellung gebracht, daß sich ein geschlossener magnetischer Kreis bildet und an den rotierenden Dauermagneten 6 kein Drehmoment entsteht.

Die **Abb.** 2 zeigt einen Generator bei dem die Stabmagnete durch eisengefüllte Spulen ersetzt sind.

Die Abschirmsegmente 5 sind durch eine Achse miteinander verbunden. Dies soll bewirken, daß sich die Anziehungskräfte die an den Segmenten wirken sich aufheben. Die Segmente werden durch einen an der Achse angeflanschten Motor 8a in rotierende Bewegung gehalten.

Patentanspruch

Permanentmagnetischer Motor mit magnetischer Abschirmung, **dadurch gekennzeichnet**, daß sich in einem ringförmigen Dauermagneten ausgebildet als Stator sich drehbar gelagert ein Stabmagnet befindet. Im Hinterteil des Motores befindet sich ebenfalls ein Stabmagnet, der eine andre Polarität als der erste Magnet hat.

Das Magnetfeld des Statores wird durch Abschirmsegmente wahlweise geschwächt, so daß an den Stabmagneten ein Drehmoment entsteht. In der Ausführung als Generator wird der Stabmagnet durch eine Spule durch Eisenfüllung ersetzt.

Die Abschirmsegmente rotieren um die Spule und durch die Feldänderungen wird eine Spannung induziert.

Hierzu 2 Seite(n) Zeichnungen

Nummer: **DE 40 21 889 A1**
Int. Cl.⁵: **H 02 K 21/02**
Offenlegungstag: 13. Dezember 1990

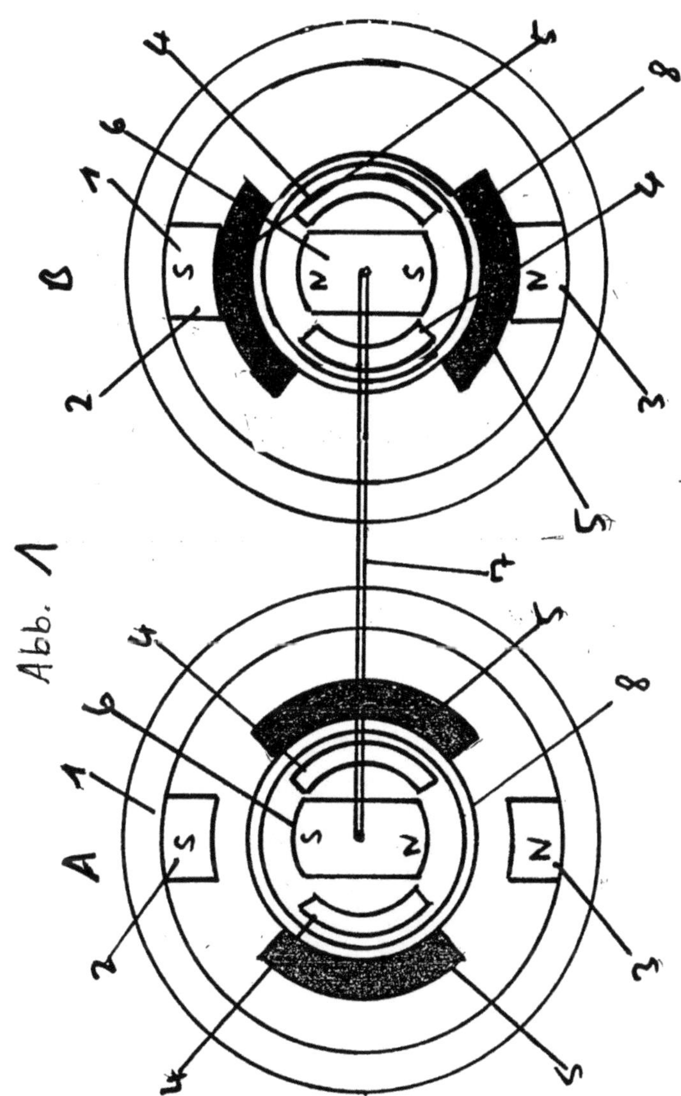

Nummer: **DE 40 21 889 A1**
Int. Cl.⁵: **H 02 K 21/02**
Offenlegungstag: 13. Dezember 1990

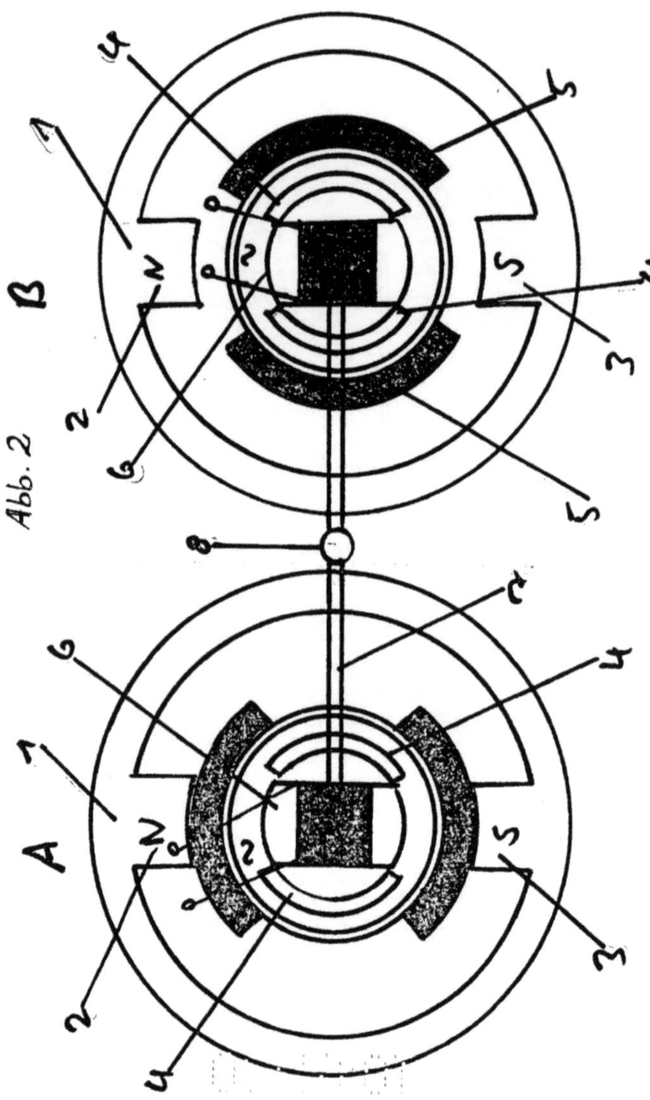

(19) **BUNDESREPUBLIK DEUTSCHLAND**

DEUTSCHES PATENTAMT

(12) **Offenlegungsschrift**

(10) **DE 40 37 150 A 1**

(51) Int. Cl.⁵:
H 02 K 21/14

(21) Aktenzeichen: P 40 37 150.6
(22) Anmeldetag: 22. 11. 90
(43) Offenlegungstag: 19. 11. 92

DE 40 37 150 A 1

(71) Anmelder:

Pfautsch, Emil, 5620 Velbert, DE

(72) Erfinder:

gleich Anmelder

(54) Permanentmagnetischer Motor mit magnetischen Nebenschluß

(57) Der Motor besteht aus zwei Hälften, die baugleich sind. In der einen sowie in der anderen Hälfte befindet sich ein Hufeisenmagnet, und drehbar gelagert an den Polen ein Stabmagnet.

Die beiden Stabmagnete sind durch eine Achse verbunden. Verschiebbar angeordnet ist ein Weicheisenblock, der Weicheisenblock schwächt das Feld des Dauermagneten in der einen Hälfte des Motors je nachdem ob er in der Nähe der Pole des Hufeisenmagneten oder zurück an den Schenkel des Hufeisenmagneten gefahren ist.

In der anderen Hälfte des Motors hat man jetzt ein starkes Feld, weil der Weicheisenblock zurückgefahren ist. Die Differenz der beiden Feldstärken in den beiden Hälften des Motors erzeugt ein Drehmoment an den Stabmagneten.

DE 40 37 150 A 1

1

Beschreibung

Gattung des Anmeldegegenstandes

Die Erfindung betrifft einen Elektromotor.

Angaben zur Gattung

Die Maschine soll es möglich machen, aus der Feldenergie eines Dauermagneten mechanische Energie zu gewinnen.

Stand der Technik

Es gibt bereits Motoren mit hohen Wirkungsgrad.

Kritik des Standes der Technik

Die Motoren herkömmlicher Bauart benötigen elektrische Energie, die zugeführt werden muß.

Aufgabe

Der Erfindung liegt die Aufgabe zugrunde, eine Maschine zu schaffen, die ohne zugeführte Leistung auskommt.

Erzielbare Vorteile

Die mit der Erfindung erzielbaren Vorteile liegen darin, daß man keine Leistung zuführen muß.

Beschreibung des Permanentmagnetischen Motores mit magnetischen Nebenschluß

Die Zeichnung zeigt vier Abbildungen, wobei die **Abb.** IA und IB zusammengehören.
Die **Abb.** IIA und IIB gehören ebenso zusammen. Sie zeigen den Motor in einer anderen Zeitphase. Der Motor besteht aus zwei Hälften IA und IB. Die eine Hälfte besteht aus einem Hufeisenmagneten 1. In den Hufeisenmagneten 1 befindet sich verschiebbar ein quaderförmiges Weicheisenstück 10. An beiden Stirnseiten befindet sich je ein Abschirmblech 9 aus weichem Eisen. Durch den Weicheisenblock 10 gehen Führungsstäbe 3 hindurch. Ebenfalls an den Stirnseiten des Weicheisenblockes 10 befinden sich zwei Hufeisenmagneten 7. An den Polen des Hufeisenmagneten 1 befindet sich drehbar gelagert ein Stabmagnet 4. Der Stabmagnet 4 ist so gepolt, daß der Nordpol des Stabmagneten 4 sich mit dem Nordpol des Hufeisenmagneten 1 gegenüberstehen.
An den Stabmagneten 4 befindet sich an den Stirnseiten je ein Dp Doppel-T-Magnet 5. Der Doppel-T-Magnet 5 ist so gepolt, daß der Nordpol des Doppel-T-Magneten 5 mit dem Nordpol des Dauermagneten 7 am Weicheisenblock 10 sich gegenüberstehen.
Die beiden Magnete werden sich abstoßen, so daß der Weicheisenblock 10 sich in der Phase befindet, daß er sich an den ersten Schenkel des Hufeisenmagneten 1 befindet. Die Druckfeder 8 wird gespannt.
In der **Abb.** IIB ist der Weicheisenblock 10 nach rechts gefahren, weil er von den Magneten 5 angezogen wird. Der Stabmagnet in der **Abb.** IIB ist so gepolt, daß sich der Südpol des Stabmagneten 4 mit den Nordpol des Hufeisenmagneten 1 gegenüberstehen.
Das Weicheisenstück 10 befindet sich in der Nähe der

2

Pole des Hufeisenmagneten 1 und schwächt dadurch das Feld an den Polen. Dadurch, daß das Feld an den Polen geschwächt wird, wird der Stabmagnet 4 nicht so stark angezogen.
Durch eine Achse 6 sind die beiden Stabmagnete miteinander drehbar verbunden. Dadurch, daß sich der Weicheisenblock 10 in der Stellung befindet, daß er am ersten Schenkel des Hufeisenmagneten 1 anliegt, entsteht ein starkes Magnetfeld an den Polen des Hufeisenmagneten 1, und der Stabmagnet wird kräftig abgestoßen. Es entsteht ein Drehmoment und der Stabmagnet 4 macht eine Drehung von 180°. In den **Abb.** IIA und IIB haben die Stabmagnete eine Drehung von 180° gemacht und das Arbeitsspiel wiederholt sich.

Beschreibung eines Ausführungsbeispieles

1 Dauermagnet
2 Polschuhe
3 Führungsrohre
4 Stabmagnet
5 Doppel-T-Magnet
6 Achse
7 Hufeisenmagnet
8 Druckfeder
9 Abschirmblech
10 Weicheisenblock

Patentanspruch

Permanentmagnetischer Motor mit magnetischen Nebenschluß, **dadurch gekennzeichnet**, daß in zwei Hufeisenmagneten sich auf Achsen gelagert verschiebbar ein Weicheisenblock sich befindet.
An den Polen befindet sich ein Dauermagnet, drehbar gelagert. Die Dauermagnete an den Hufeisenmagneten sind durch eine Achse miteinander verbunden.
Steht der Weicheisenblock des ersten Hufeisenmagneten in der Stellung, daß er sich links am Magneten befindet.
Es baut sich am Pol des Hufeisenmagneten ein kräftiges Feld auf. Der drehbare Magnet ist so gepolt, daß er abgestoßen wird.
An den zweiten Hufeisenmagneten befindet sich der Weicheisenblock an den Polen des Magneten, so daß das Feld des Hufeisenmagneten geschwächt wird. Der drehbare Magnet ist so gepolt, daß er angezogen wird. Die abstoßende Kraft an den ersten Magneten ist aber größer als die anziehende an den zweiten Magneten. Es entsteht ein Drehmoment. Die da drehbar gelagerten Magnete machen eine Drehung von 180°, so daß sich ihre Polarität umkehrt. An den Weicheisenblock ist an den Schmalseiten ein Hufeisenmagnet angebracht. An den Schmalseiten der Drehmagnete ist auch ein Hufeisenmagnet angebracht.
Die Magnete haben die Aufgabe den Weicheisenblock durch Anziehung bzw. Abstoßung in die richtige Position zu bringen.
Nachdem die drehbaren Magnete eine Umdrehung gemacht haben, wird der Weicheisenblock des zweiten Magneten abgestoßen und der Block des ersten Magneten angezogen, und das beschriebene Arbeitsspiel wiederholt sich.

Hierzu 1 Seite(n) Zeichnungen

— Leerseite —

Nummer: **DE 40 37 150 A1**
Int. Cl.⁵: **H 02 K 21/14**
Offenlegungstag: 19. November 1992

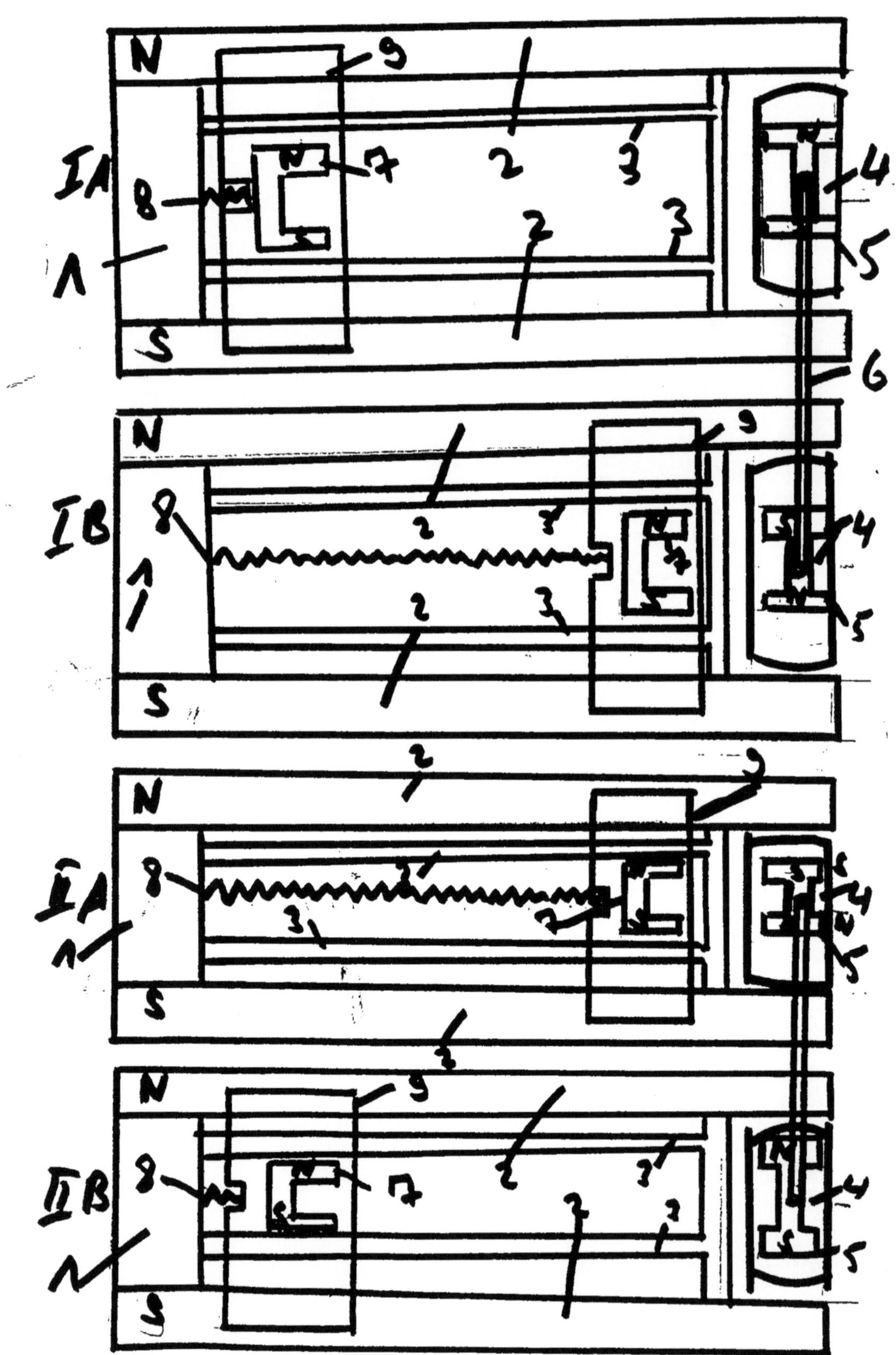

(19) BUNDESREPUBLIK DEUTSCHLAND

DEUTSCHES PATENTAMT

(12) **Offenlegungsschrift**

(10) **DE 41 22 577 A 1**

(51) Int. Cl.5:
H 02 K 21/14

DE 41 22 577 A 1

(21) Aktenzeichen: P 41 22 577.5
(22) Anmeldetag: 8. 7. 91
(43) Offenlegungstag: 25. 3. 93

(71) Anmelder:
Pfautsch, Emil, 5620 Velbert, DE

(61) Zusatz zu: P 40 37 150.6

(72) Erfinder:
gleich Anmelder

(54) Permanentmagnetischer Generator mit magn. Nebenschluß

(57) In einem hufeisenförmigen Dauermagneten befindet sich an den Polen eine Spule mit Eisenkern.
Beweglich angeordnet ist ein Weicheisenblock. Der Weicheisenblock wird durch einen Kubeltrieb zu den Polen hin verschoben und erzeugt in der Spule eine Feldänderung.

DE 41 22 577 A 1

1

Beschreibung

Gattung des Anmeldegegenstandes

Die Erfindung betrifft einen elektrischen Generator.

Angaben zur Gattung

Die Maschine soll es möglich machen, mit einem Minimum an mechanischer Energie Strom zu erzeugen.

Stand der Technik

Es gibt bereits Generatoren mit hohem Wirkungsgrad.

Kritik des Standes der Technik

Die heutigen Generatoren brauchen eine zugeführte Leistung, die sie in elektrische Energie umwandeln.

Aufgabe

Der Erfindung liegt die Aufgabe zugrunde, einen Generator zu schaffen, der mit der Feldenergie eines Magneten auskommt.

Erzielbare Vorteile

Die mit der Erfindung erzielten Vorteile liegen darin, daß man einen Generator hat, der fast keine zugeführte Leitung benötigt.

Beschreibung eines Ausführungsbeispieles

Es zeigen
1 = Dauermagnet
2 = Spule mit Eisenkern
3 = Führungsrohre
4 = Druckfeder
5 = Dauermagnet
6 = Schwungscheibe
7 = Motor
8 = Pleuelstange
9 = Weicheisenblock
10 = Abschirmblech

In einem hufeisenförmigen Dauermagneten befindet sich an den Polen eine Spule 2 mit Eisenkern.

Beweglich angeordnet ist ein Weicheisenblock 9, der durch Führungsrohre 3 geführt wird.

Am Weicheisenblock 9 befindet sich ein Kurbeltrieb 8 mit Motor 7 und Schwungmasse 6. Außerdem befindet sich an dem Weicheisenblock 9 ein Abschirmblech 10. An den beiden Breitseiten des Weicheisenblockes befindet sich ein Dauermagnet 5. Wird der Kurbeltrieb 6 in Bewegung gesetzt, so schiebt er mit der Pleuelstange 8 den Weicheisenblock zu den Polen hin.

In der Spule 2 entsteht eine Feldschwächung, so daß, durch den Belastungsstrom hervorgerufen, in der Spule ein Südpol und unten ein Nordpol entsteht.

Und durch die Streufeldlinien der Spule 2 wird der Dauermagnet 5, der die Polarität hat, daß am oberen Schenkel ein Nordpol und am unteren Schenkel ein Südpol ist, angezogen. Der Weicheisenblock wird auch von dem Dauermagneten 1 angezogen, um die Anziehungskraft zu überwinden, dazu dient die Druckfeder 4.

2

Nun hat der Kurbeltrieb eine halbe Umdrehung gemacht und zieht den Weicheisenblock 9 von den Polen weg. In der Spule 2 nimmt das Feld zu, und es entsteht durch den Belastungsstrom oben ein Nordpol und unten ein Südpol in der Spule 2; der Dauermagnet 5 wird abgestoßen, außerdem wird der Weicheisenblock von dem Dauermagneten 1 angezogen und die Druckfeder 4 wird gespannt.

Nach einer weiteren halben Umdrehung des Kurbeltriebs wiederholt sich das Arbeitsspiel und an der Spule kann eine Wechselspannung abgegriffen werden. Das Abschirmblech 10 soll verhindern, daß der Dauermagnet 5 eine Wirkung auf den Weicheisenblock hat. Der Motor mit Schwungmasse soll einen gleichmäßigen Lauf des Generators bewirken, es müssen bei diesem Generator nur die Reibungsverluste an den Führungsrohren 3 des Weicheisenblockes und der Lagerreibung des Motores aufgebracht werden.

Patentanspruch

Permanentmagnetischer Generator mit magnetischem Nebenschluß, **dadurch gekennzeichnet**, daß sich in einem hufeisenförmigen Dauermagneten an den Polen eine Spule mit Eisenkern befindet. Außerdem ist verschiebbar ein Weicheisenblock angeordnet. Der Weicheisenblock wird durch einen Kurbeltrieb mit Motor immer von den Polen weg und zu den Polen verschoben.

Außerdem befindet sich an den Breitseiten des Weicheisenblockes je ein Dauermagnet. Der Weicheisenblock wird immer verschoben und erzeugt in der Spule eine Feldänderung.

Hierzu 1 Seite(n) Zeichnungen

– Leerseite –

Nummer: DE 41 22 577 A1
Int. Cl.⁵: H 02 K 21/14
Offenlegungstag: 25. März 1993

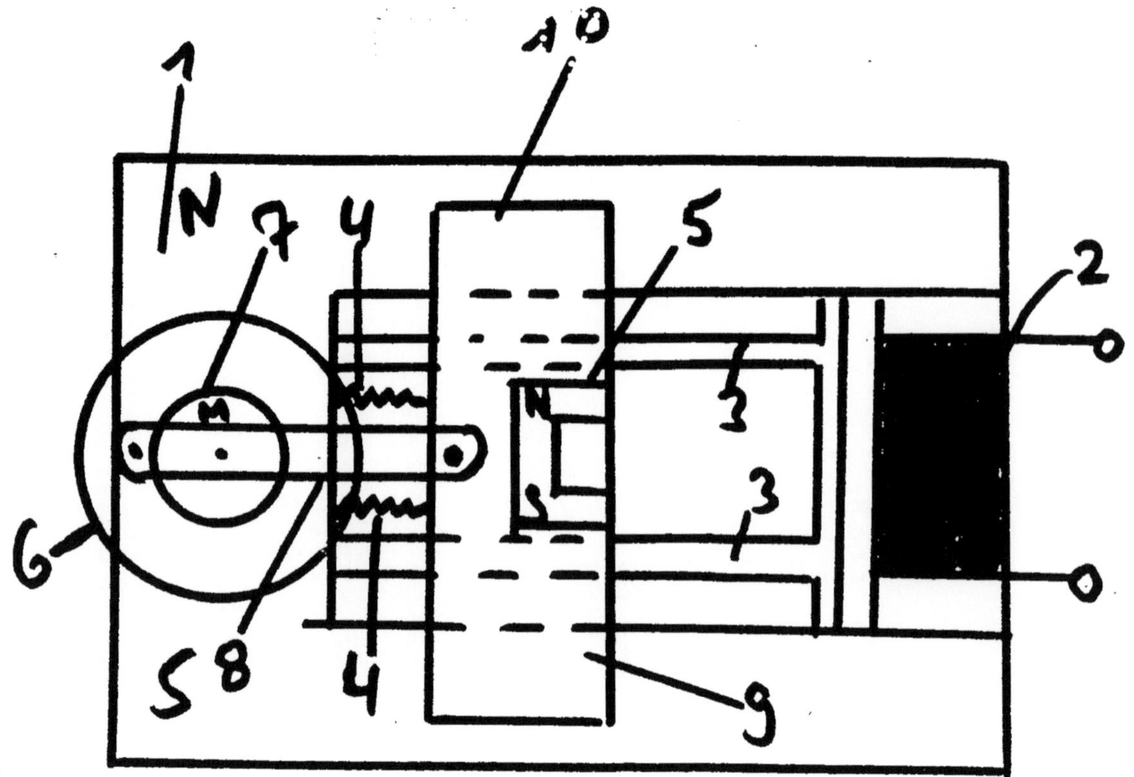

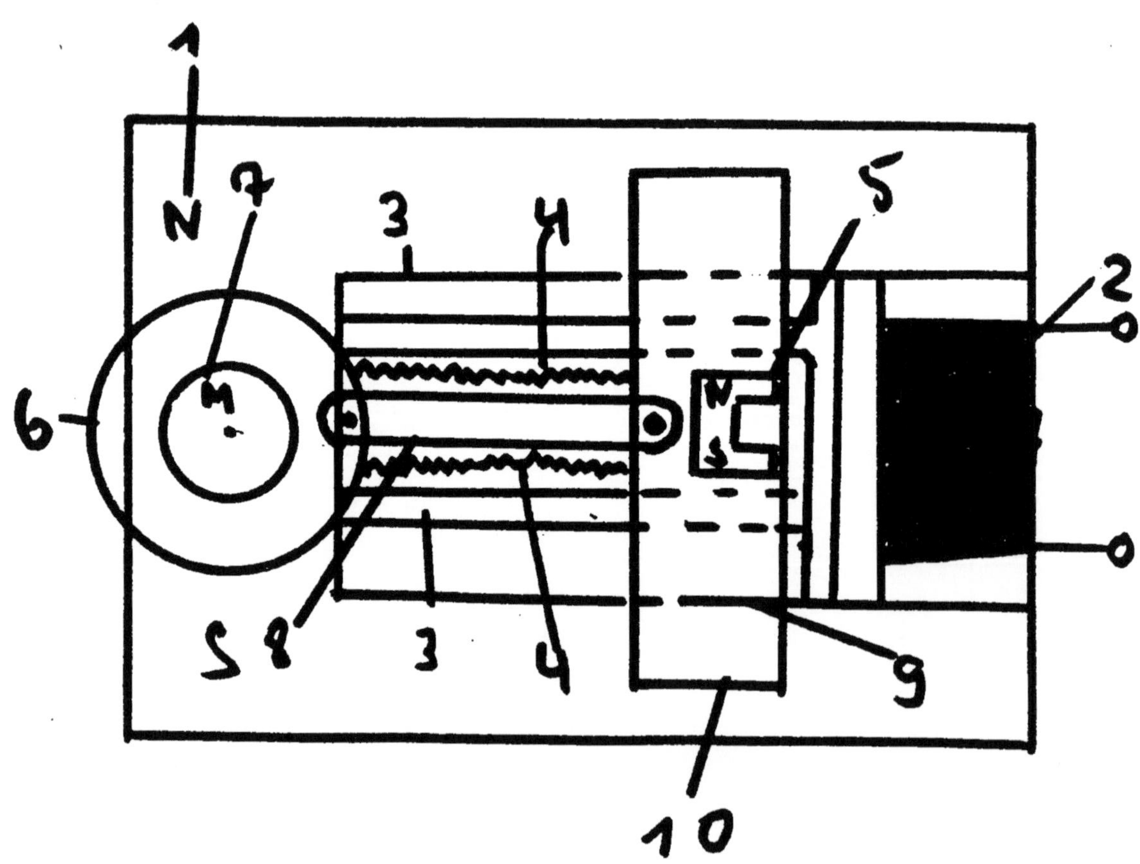

(19) BUNDESREPUBLIK DEUTSCHLAND

DEUTSCHES PATENTAMT

(12) **Offenlegungsschrift**

(10) **DE 41 30 255 A 1**

(51) Int. Cl.5:
H 02 K 21/14

(21) Aktenzeichen: P 41 30 255.9
(22) Anmeldetag: 12. 9. 91
(43) Offenlegungstag: 23. 7. 92

DE 41 30 255 A 1

Mit Einverständnis des Anmelders offengelegte Anmeldung gemäß § 31 Abs. 2 Ziffer 1 PatG

(71) Anmelder:
Pfautsch, Emil, 5620 Velbert, DE

(72) Erfinder:
gleich Anmelder

Der Inhalt dieser Schrift weicht von den am Anmeldetag eingereichten Unterlagen ab

(54) Permanentmagnetischer Generator mit magnetischen Nebenschluß

(57) Der Generator besteht aus einem hufeisenförmigen Dauermagneten. An den Polen des Magneten befindet sich eine Spule mit Eisenkern.
Quer zu den Magneten rotieren Hohlzylinder, auf die Eisensegmente angeordnet sind.
Dadurch tauchen die Eisensegmente einmal in das Feld hinein und einmal hinaus.
Dadurch entsteht eine Feldänderung in der Spule und eine Spannung wird in der Spule induziert.

DE 41 30 255 A 1

1

Beschreibung

Der Generator soll es möglich machen magnetische Feldenergie in elektrische Energie umzuwandeln.

Stand der Technik

Es gibt bereits Generatoren mit hohem Wirkungsgrad.

Kritik des Standes der Technik

Die herkömmlichen Generatoren brauchen eine zugeführte Leistung, die in elektrische Energie umgewandelt wird.

Aufgabe

Der Generator ist so zu verbessern das er ohne zugeführte Leistung auskommt.

Erzielbare Vorteile

Die mit der Erfindung erzielbaren Vorteile liegen darin, daß man elektrische Energie erzeugen kann, ohne eine Leistung zuführen zu müssen.

Beschreibung des permanentmagnetischen Generators mit magnetischen Nebenschluß.

Es zeigt

Fig. 1 Dauermagnet
Fig. 2 Polschuhe
Fig. 3 Spule mit Eisenkern
Fig. 4 Hohlzylinder aus unmagnetischen Material
Fig. 5 Eisensegmentstück
Fig. 6 Zwischenrand

Der Generator besteht aus vier baugleichen Teilen nämlich A, B, C, D:

Teil A besteht aus einen Dauermagneten **1** mit den Polschuhen **2**. Am Ende der Polschuhe **2** befindet sich eine Spule mit Eisenkern **3**. Längs der axialen Richtung der Zylinder befinden sich zwei Hohlzylinder **4** mit verschiedenen Durchmessern parallel zu den Polschuhen **2** des Magneten **1**.

Die Zylinder **4** rotieren quer zu den Magneten. Dadurch schließt das Eisensegmentstück **5** den Magneten kurz und gibt ihn wieder frei.

Die Eisensegmentstücke **5** sind um 180° versetzt auf den Zylindern **4** angeordnet.

In Teil C und D sind die Eisensegmente **5** um 270° gegenüber Teil A angeordnet. Nähert sich nun das Eisensegment **5** in Teil A den Magneten so gehen die Feldlinien vom Dauermagneten **1**, vom Nordpol durch den Polschuh und durch das Eisensegmentstück **5** und durch den Polschuh zu den Südpol des Dauermagneten **1**. In der Spule entsteht eine Feldschwächung. Bei angeschlossenen Verbraucher fließt ein induzierter Strom durch die Spule. Dieser hat die Richtung das er das Magnetfeld in der Spule stärken will. Bewegt sich nun das Eisensegment aus den Magneten heraus so wird das Feld in der Spule verstärkt und der induzierte Strom hat die Richtung das er das Feld der Spule schwächen will.

Die Kräfte an den Eisensegmenten heben sich dadurch auf das wenn das Eisensegment von Teil A vor den Magneten steht durch das Eisensegment von Teil D das von den Magneten sich wegbewegt die Kraft kompensiert wird. Bei den Generator muß nur die Reibung in den Lagern der Hohlzylinder überwunden werden.

2

Patentanspruch

1. Permanentmagnetischer Generator mit magnetischen Nebenschluß, **dadurch gekennzeichnet,** daß man 4 baugleiche Baugruppen hat. Die erste Baugruppe besteht aus einen Dauermagneten, verlängert durch Polschuhe, am Ende der Polschuhe ist eine Spule mit Eisenkern angeordnet.

Parallel zu den Dauermagneten befinden sich zwei Hohlzylinder mit verschiedenem Durchmesser. In der Differenz der Durchmesser der Hohlzylinder befinden sich um 180° versetzt Eisensegmente. Die Hohlzylinder rotieren quer zu dem Dauermagneten, so das die Eisensegmente in das Feld des Dauermagneten hineintauchen und es wieder verlassen.

In der Baugruppe (3) und (4) befinden sich die Eisensegmente im Hohlzylinder, jedoch sind diese um 90° versetzt zu den ersten Eisensegmenten, um die magnetischen Anziehungskräfte zu kompensieren. Wenn die Eisensegmente durch das Magnetfeld gezogen werden, entsteht in der Spule eine Wechselspannung.

Hierzu 1 Seite(n) Zeichnungen

— Leerseite —

Nummer: **DE 41 30 255 A1**
Int. Cl.⁵: **H 02 K 21/14**
Offenlegungstag: 23. Juli 1992

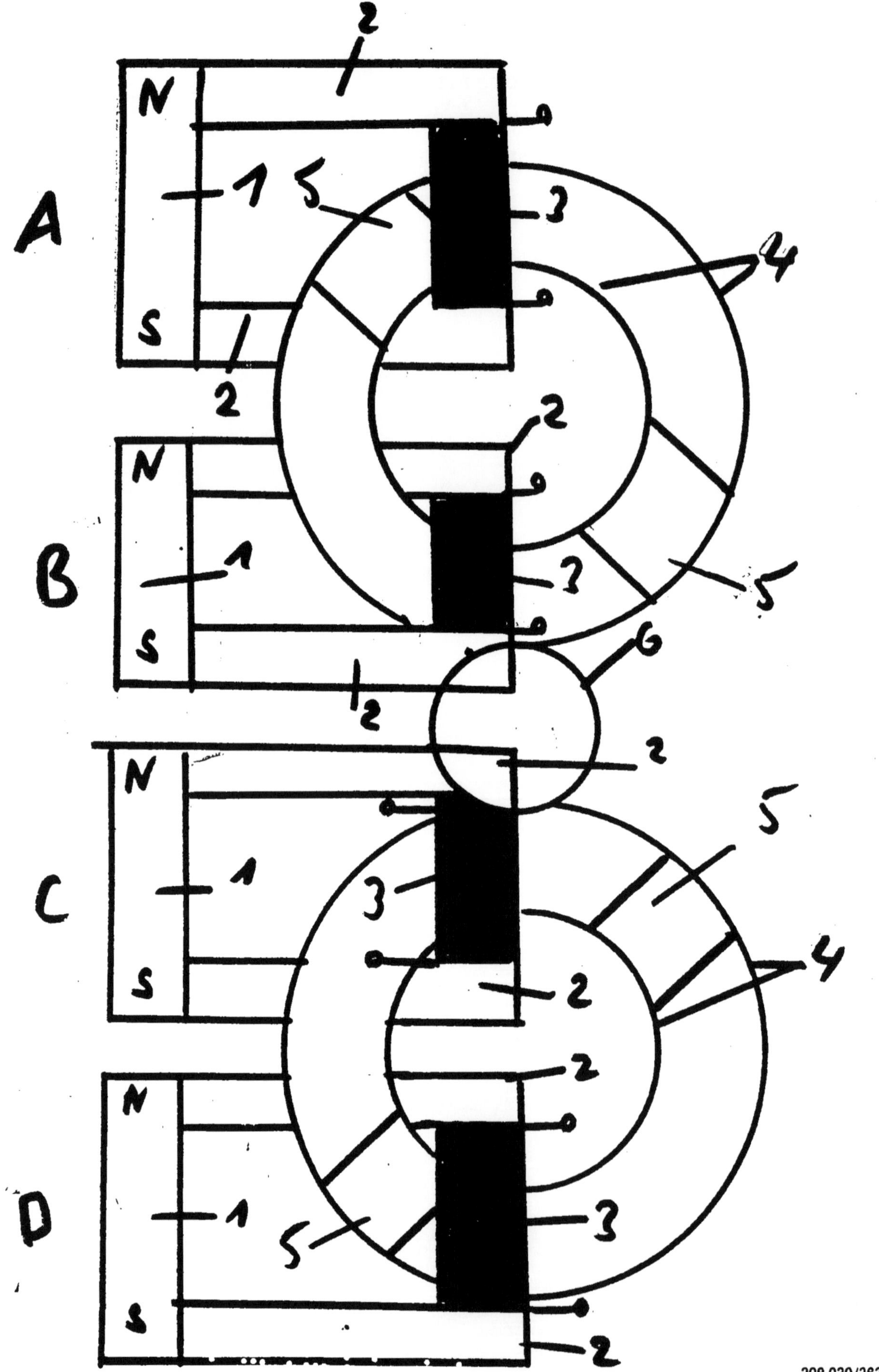

⑲ **BUNDESREPUBLIK DEUTSCHLAND**

DEUTSCHES PATENTAMT

⑫ **Offenlegungsschrift**

⑩ **DE 41 40 077 A 1**

⑤ Int. Cl.⁵:
H 02 K 21/14

㉑ Aktenzeichen: P 41 40 077.1
㉒ Anmeldetag: 5. 12. 91
㊸ Offenlegungstag: 9. 6. 93

DE 41 40 077 A 1

㉜ Anmelder:

Pfautsch, Emil, 5620 Velbert, DE

㊱ Zusatz zu: P 41 30 255.9

㉢ Erfinder:

Antrag auf Nichtnennung

㊹ Permanentmagnetischer Generator mit magnetischen Nebenschluß

㊷ In zwei baugleichen magnetischen Rahmen befindet sich je eine Spule an den Polen des Dauermagneten. In der Mitte der Rahmen befindet sich jeweils um 90° versetzt ein Weicheisenstab. Der Weicheisenstab ist durch eine Achse miteinander verbunden und wird durch einen Motor in Drehung versetzt.
Dadurch entsteht an der Spule eine Feldänderung und es kann eine Leistung abgegriffen werden.

1

Beschreibung

Beschreibung

Angaben zur Gattung

Die Erfindung soll es möglich machen, mit einem Minimum an mechanischer Energie elektrische Energie zu erzeugen.

Stand der Technik

Es gibt bereits Generatoren mit hohem Wirkungsgrad.

Kritik des Standes der Technik

Die herkömmlichen Generatoren brauchen eine höhere zugeführte Leistung als die Leistung, die sie als elektrische Energie abgeben.

Aufgabe

Der Generator ist so zu verbessern, daß er mit einem Minimum an mechanischer Energiezufuhr auskommt.

Erzielbare Vorteile

Die mit der Erfindung erzielbaren Vorteile liegen darin, daß dem Generator nur die Leistung zugeführt werden muß, um die Lagerreibungsverluste zu überwinden.

Beschreibung eines Ausführungsbeispieles

Es zeigt

1 Spule
2 Spule
3 Polschuhe
4 Weicheisenstab
5 Verbindungsachse
6 Schwungscheibe
7 Motor

In zwei baugleichen magnetischen Rahmen A und B befindet sich an den Polen eine Spule mit Eisenkern 2. In der Mitte der Rahmen A und B befindet sich drehbar gelagert je ein Weicheisenstab 4. In den Rahmen B ist der Stab 4 um 90° versetzt zu A angeordnet. Durch eine Achse 5 sind die Stäbe 4 miteinander verbunden. Der Motor 7 versetzt die Stäbe in Rotation. Nähert sich nun der Stab 4 dem Polschuh 3, so gehen ein Teil der Feldlinien von den Dauermagneten, der durch eine Magnetspule verstärkt wird, durch den Weicheisenstab, der andere Teil geht durch den Eisenkern der Spule. In dem Weicheisenstab 4 nimmt die Feldliniendichte zu, in der Spule ab. Der Verbraucherstrom, der durch die Spule fließt, ist so gerichtet, daß er die Feldlinienabnahme zu verhindern versucht, und baut ein Feld auf, das das Feld des Dauermagneten verstärkt. Bewegt sich der Weicheisenstab 4 von dem Polschuh weg, so nimmt die Feldliniendichte in dem Stab 4 ab, in der Spule zu. Der Strom in der Spule 2 baut ein Feld auf, das dem Feld des Dauermagneten entgegenwirkt. An dem Weicheisenstab entstehen durch die Belastung des Generators keine bremsenden Kräfte.

Daß die Weicheisenstäbe 4 um 90° versetzt sind, hat

2

seinen Grund darin, daß sich die magnetischen Kräfte an den Stäben weitgehend kompensieren. Außerdem soll die Schwungscheibe 6 einen gleichmäßigen Lauf des Generators gewährleisten. An der Spule 2 kann eine Wechselspannung abgegriffen werden. Die Leistung an der Spule ist wesentlich höher als die Leistung, die dem Motor 7 zugeführt wird.

Patentanspruch

Permanentmagnetischer Generator mit magnetischem Nebenschluß, **dadurch gekennzeichnet,** daß in zwei magnetischen Rahmen mit Dauermagnet und Spule in der Mitte sich zwei Polschuhe befinden. An den Polen des Dauermagneten befindet sich durch Polschuhe verlängert eine Spule mit Eisenkern. In der Mitte des Rahmens befindet sich ein Weicheisenstab drehbar gelagert. Es gibt zwei Rahmen, in den Rahmen ist der Weicheisenstab jeweils um 90° versetzt angeordnet. Die Weicheisenstäbe sind durch eine Achse miteinander verbunden und werden durch einen Motor in Drehung versetzt. Auf der Verbindungsachse befindet sich auch eine Schwungscheibe, um einen gleichmäßigen Lauf des Generators zu gewährleisten. In der Spule an den Polen entsteht eine Wechselspannung, und es kann eine Leistung an der Spule abgegriffen werden.

Hierzu 1 Seite(n) Zeichnungen

- Leerseite -

Nummer: **DE 41 40 077 A1**
Int. Cl.⁵: **H 02 K 21/14**
Offenlegungstag: 9. Juni 1993

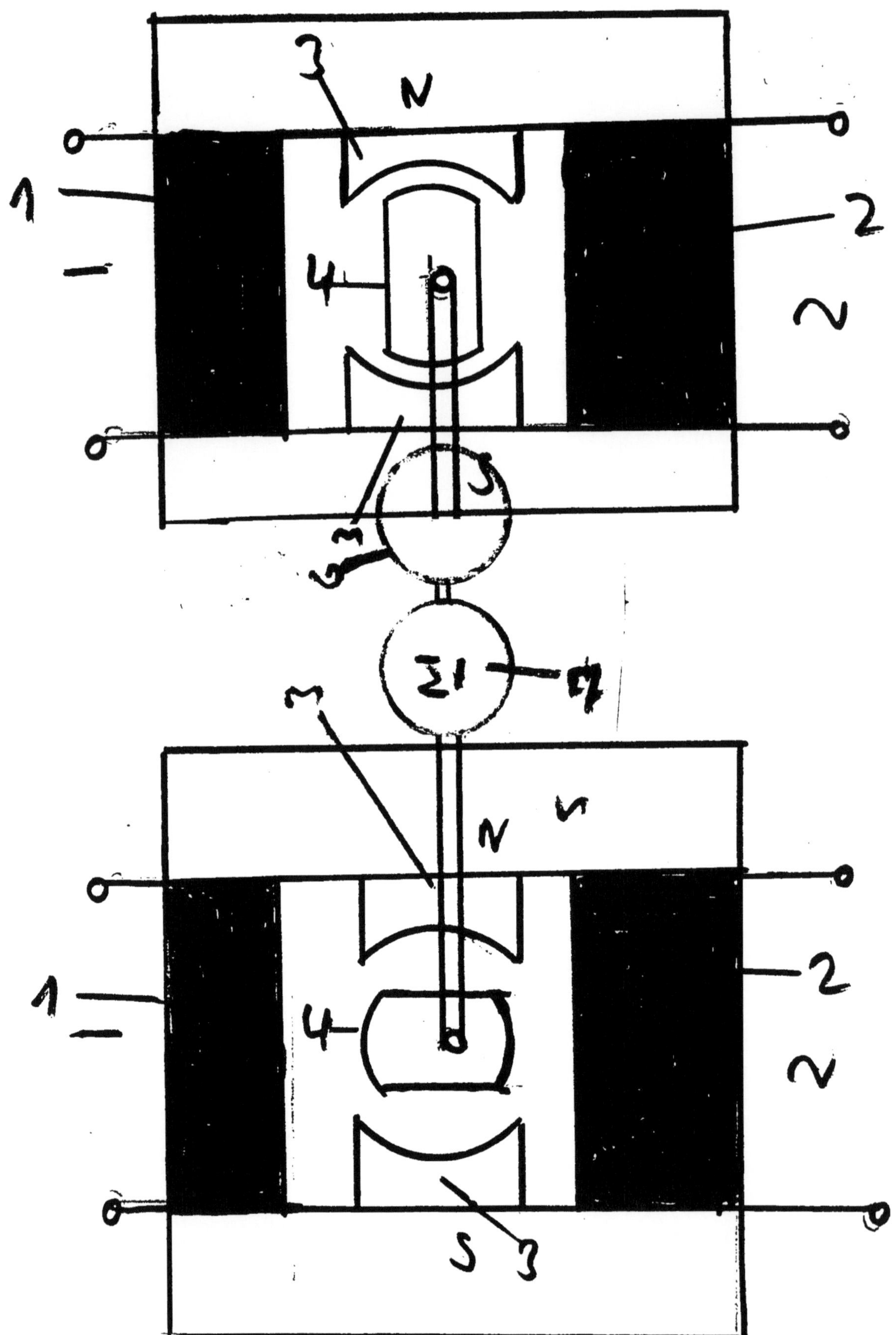

(19) **BUNDESREPUBLIK DEUTSCHLAND**

DEUTSCHES  PATENTAMT

(12) # Gebrauchsmuster **U 1**

(11) Rollennummer   G 94 20 153.6

(51) Hauptklasse   C02F   1/14

(22) Anmeldetag   10.03.94

(47) Eintragungstag 09.03.95

(43) Bekanntmachung
      im Patentblatt 20.04.95

(54) Bezeichnung des Gegenstandes
                Solare Meerwasserentsalzungsanlage

(73) Name und Wohnsitz des Inhabers
                Pfautsch, Emil, 42555 Velbert, DE
      LBE   Interesse an Lizenzvergabe unverbindlich erklärt

G 6253
3.82

<u>Beschreibung der solaren Meerwasserentsalzungsanlage</u>

In zwei Behältern A und B befinden sich je eine halbdurchlässige Membrane die nur Wasser und kein Salz durchläßt.

In dem Hohlraum C befindet sich konzentrierte Salzlösung mit
einem Salzgehalt von 200g / L. An der Membrane 2 liegt im
Hohlraum E Meerwasser mit einer Konzentration von 35g/1 an.
Das Meerwasser diffundiert durch die Membrane 2 in die höherkonzentrierte Lösung in den Hohlraum C. Der Hohlraum C ist
durch eine Rohrleitung mit dem Hohlraum D des Behälters B verbunden.

In dem Hohlraum C des Behälters A baut sich durch das hein-
diffundierte Wasser ein Druck auf. Dieser Druck wird auf die
verschiebbare Membrane 7 übertragen und durchdrückt normales
Meerwasser, was sich vor der Membrane 7 befindet, durch die
Membrane 2 des Behälters. In den Hohlraum F des Behälters B
bildet sich Süßwasser. Dieser Vorgang dauert nur solange bis
sich die konzentrierte Salzlösung in den Behälter A im Hohlraum C verdünnt hat und damit der osmotische Druck nachläßt.

Deshalb wird die verdünnte Lösung von Behälter A in den Hohlraum C durch die Pumpe 3 in das Flachbecken 4 geleitet, dort
verdunstet, durch die Einwirkung der Sonne, ein Teil des
Wassers der Lösung und die Lösung wird aufkonzentriert. Ein
anderer Teil der Lösung aus dem Behälter A wird durch die Pumpe
3 in ein Gradierwerk gegeben.
Dieses besteht aus einem rechteckigen Quader in dem sich Dornreisig befindet. Die Breitseiten des Quaders werden dem Wind
ausgesetzt und die Lösung die von oben auf die Dornreiser gegeben wird, wird durch den Wind der das Wasser der Lösung verdunstet aufkonzentriert. Die aufkonzentrierte Lösung wird durch
die Pumpe 3 wieder in den Hohlraum C des Behälters A gegeben.
Wo sich wieder der osmotische Druck aufbaut.
Wobei beachtet werden muß, daß sich in dem Hohlraum D des Behälters sich die Salzkonzentration des Meerwassers erhöht,
wobei der Hohlraum B von Zeit zu Zeit mit frischem Meerwasser
geflutet werden muß. Die Anlage ist kostengünstiger als eine

Destillationsanlage, kann jedoch mit einer Destillationsanlage
gekoppelt werden, wenn Salzsole anfällt.

Es zeigen: 1= Behälter A und B
2= Halbdruchlässige Membranen
3= Pumpe
4= Flachbecken
5= Quaderförmiges Gestell
6= Auffangwanne für Salzsole

Solare Meerwasserentsalzungsanlage dadurch gekennzeichnet, daß
sich in zwei Behältern A und B sich je eine halbdurchlässige
Membrane befindet. In dem Hohlraum des einen Behälters befindet
sich konzentrierte Salzlösung und ist durch eine Rohrleitung
mit dem Hohlraum des Behälters B verbunden. Vor der Membrane
des Behälters A befindet sich Meerwasser, dieses diffundiert
durch die Membrane in den Hohlraum des Behälters A und baut
einen Druck auf. Dieser Druck übertragt sich auf eine bewegliche Membrane in der Rohrleitung und drückt Meerwasser durch
die Membrane des Behälters B: An dieser Membrane entsteht Süßwasser.
Zur Aufrechterhaltung der Konzentration der Lösung dient ein
Flachbecken in dem durch die Sonne ein Teil des Wassers verdunstet, ebenso ein Gradierwerk das ein quaderförmiges Gestell
ist, in dem sich Dornreisig befindet, und mit den Breitseiten
dem Wind ausgesetzt wird.
Auf die Dornreiser wird von oben die verdünnte Lösung gegeben,
die durch den Wind verdunstet und dadurch aufkonzentriert wird.
Die konzentrierte Lösung sammelt sich in einem Auffangbecken.

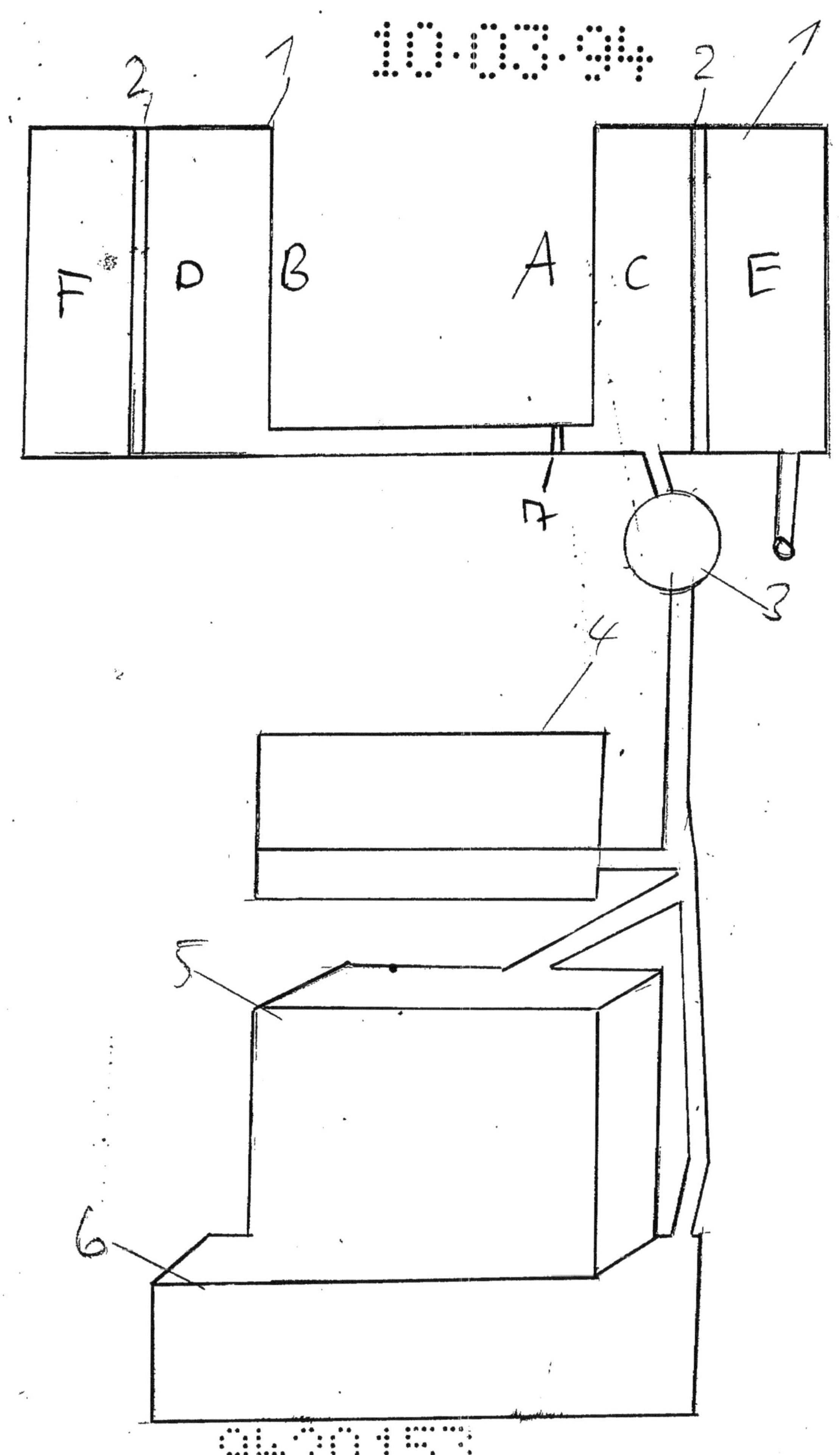

10·03·94
2
1
2
1
F
D
B
A
C
E
7
3
4
5
6
94 20 153

(19) BUNDESREPUBLIK DEUTSCHLAND

DEUTSCHES PATENTAMT

(12) **Offenlegungsschrift**

(10) **DE 44 11 487 A 1**

(51) Int. Cl.⁶:
H 02 N 11/00

DE 44 11 487 A 1

(21) Aktenzeichen: P 44 11 487.7
(22) Anmeldetag: 2. 4. 94
(43) Offenlegungstag: 5. 10. 95

(71) Anmelder:
Pfautsch, Emil, 42555 Velbert, DE

(72) Erfinder:
gleich Anmelder

(54) Permanentmagnetischer Motor mit magnetischer Abschirmung

(57) Vier gleiche Stabmagnete sind drehbar angeordnet. Sie bewegen sich mit den Polen aufeinander zu. Stehen die Magnete waagerecht, so stehen sich gleiche Pole gegenüber. Zwischen den Polen befindet sich senkrecht eine Kreisscheibe aus Holz oder Messing, in der Scheibe befinden sich Aussparungen gefüllt mit Dynamoblech um 180° versetzt in einer Fluchtlinie.
In der Phase, in der sich die Magnete befinden, bedeckt das Holz der Kreisscheibe die Polflächen der Magnete, so daß sich die Magnete abstoßen und einen Drehimpuls erhalten. Nun machen die Magnete eine Drehung von 90°, während dieser Phase bewegt sich die waagerechte Kreisscheibe mit Aussparungen gefüllt mit Dynamoblech auf die Pole der Magnete zu; die Magnete ziehen das Dynamoblech an und erhalten wieder einen Drehimpuls, die abstoßende Wirkung der Magnete wird dadurch kompensiert.
Stehen die Magnete senkrecht, so stehen sich wieder gleiche Pole gegenüber, die Kreisscheibe bedeckt nun mit dem Holz die Polflächen und die Magnete stoßen sich ab.
Die waagerechten Kreisscheiben sind mit den drehbar angeordneten Magneten durch ein Tellerkegelrad, das sich auf dem Drehpunkt des Magneten befindet, verbunden.
An dem Kegelrad befindet sich eine Achse, an deren Ende eine Riemenscheibe, die durch einen Riemen mit einer zweiten Riemenscheibe verbunden ist. Die zweite Riemenscheibe befindet sich mit einer Achse im Drehpunkt der waagerechten Kreisscheibe. An der senkrechten Kreisscheibe befindet sich im Drehpunkt eine Achse ...

DE 44 11 487 A 1

Die folgenden Angaben sind den vom Anmelder eingereichten Unterlagen entnommen

1

Beschreibung

Ein Ausführungsbeispiel ist in der Zeichnung dargestellt und wird näher erläutert.

Es zeigen:
1 = Abschirmkreisscheiben mit Aussparungen (gefüllt mit Dynamoblech)
2 = Tellerkegelrad
3 = Stabmagnete
4 = Kegelrad
5 = Riemenscheiben
6 = Zahnräder

Vier Stabmagnete sind drehbar angeordnet. Die Drehrichtung der Magnete 3 ist so gewählt, daß sich gleiche Pole gegenüberstehen. Senkrecht zu den Magneten 3 befindet sich eine Kreisscheibe aus Holz oder Messing; in die Kreisscheibe 1 sind Aussparungen eingearbeitet, in denen sich Dynamoblech befindet. Die Aussparungen sind um 180° versetzt in einer Fluchtlinie angeordnet.

Die Kreisscheibe rotiert und wird angetrieben von einem Zahnrad 6. Das Zahnrad 6 greift im rechten Winkel in ein weiteres Zahnrad 6. Im Mittelpunkt des zweiten Zahnrades 6 befindet sich eine Achse; auf dieser Achse befindet sich ein Kegelrad. Dieses greift in ein Tellerkegelrad 2, das sich auf den Drehpunkt des Magneten 3 befindet. Dadurch, daß die Kreisscheibe 1 rotiert, bedecken einmal die Aussparungen die mit Dynamoblech gefüllt sind, die Pole der Magnete 3, in diesen Fall wird die abstoßende Wirkung der Magnete 3 kompensiert und die Magnete ziehen das Dynamoblech der Kreisscheibe 1 an. Die Mangete bewegen sich aufeinander zu.

Wenn die Magnete 3 sich gegenüberstehen, so bedeckt das Holz der Kreisscheibe die Polflächen der Magnete 3 und die Magnete stoßen sich ab. Die Magnete machen eine Drehung von 90°.

Während der Umdrehung ziehen sie das Blech der Kreisscheibe 1, die waagerecht angeordnet ist, an.

Wenn sich die Magnete 3 senkrecht ausgerichtet haben, stehen sich wieder gleiche Pole gegenüber und die Kreisscheibe bedeckt mit dem Holz die Polflächen der Magnete 3, so daß sich die Magnete abstoßen. Die Magnete 3 machen wieder eine Drehung von 90° und das Arbeitsspiel wiederholt sich.

Die waagerechte Kreisscheibe 1 wird von einer Riemenscheibe angetrieben, die durch einen Riemen mit einer weiteren Riemenscheibe 5 verbunden ist. Im Mittelpunkt der zweiten Riemenscheibe 5 befindet sich eine Achse, auf der sich ein Kegelrad 4 befindet. Dieses Kegelrad greift in ein Tellerkegelrad 2, das auf dem Drehpunkt des Stabmagneten 3 angeordnet ist.

Durch die Massenträgheit der Magnete wird ein ruhiger Lauf des Motors gewährleistet.

Patentanspruch

Permanentmagnetischer Motor mit magnetischer Abschirmung, **dadurch gekennzeichnet,** daß vier gleiche Stabmagnete sich mit den Polen aufeinander zu bewegen.

Stehen die Magnete waagerecht so stehen sich gleiche Pole gegenüber, senkrecht zwischen den Polen befindet sich eine Kreisscheibe aus Holz oder Messing die mit Aussparungen versehen ist, in den Aussparungen befindet sich Dynamoblech. Es sind zwei Aussparungen vorhanden die um 180° versetzt sich in einer Linie befinden.

2

Dadurch, daß das Holz der Scheibe die Polflächen bedeckt stoßen sich die Magnete ab, weil sich gleiche Pole gegenüberstehen.

Die Magnete machen eine Drehbewegung. Während der Drehbewegung werden sie vom Dynamoblech der waagerechten Kreisscheibe angezogen, das Dynamoblech der waagerechten Scheibe bedeckt allmählich die Polflächen der Magnete, so daß die abstoßende Wirkung der Magnete kompensiert wird.

Stehen die Magnete senkrecht so bedeckt das Holz der waagerechten Scheibe die Polflächen der Magnete, die Magnete stoßen sich ab und machen eine Drehbewegung, sie bewegen sich in die waagerechte Richtung und ziehen die Dynamobleche der Aussparungen der senkrechten Scheibe an.

Das Arbeitsspiel wiederholt sich.

Angetrieben wird die senkrechte Scheibe von einem Zahnrad, ds auf einer Achse sitzt. Die Achse geht in den Drehpunkt der Kreisscheibe. Das Zahnrad greift im rechten Winkel in ein zweites Zahnrad in dessen Drehpunkt eine Achse sich befindet. Auf der Achse sitzt ein Kegelrad; dieses greift in ein Tellerkegelrad, das auf der Drehachse der Magnete sich befindet.

Die waagerechten Kreisscheiben werden durch eine Riemenscheibe angetrieben. Von der Riemenscheibe geht ein Riemen zu einer zweiten Riemenscheibe, in deren Drehpunkt sich eine Achse befindet. Auf der Achse befindet sich ein Kegelrad, das in ein Tellerkegelrad greift, das Tellerkegelrad ist auf dem Drehpunkt des Magneten befestigt.

Hierzu 1 Seite(n) Zeichnungen

- Leerseite -

Nummer: **DE 44 11 487 A1**
Int. Cl.[6]: **H 02 N 11/00**
Offenlegungstag: 5. Oktober 1995

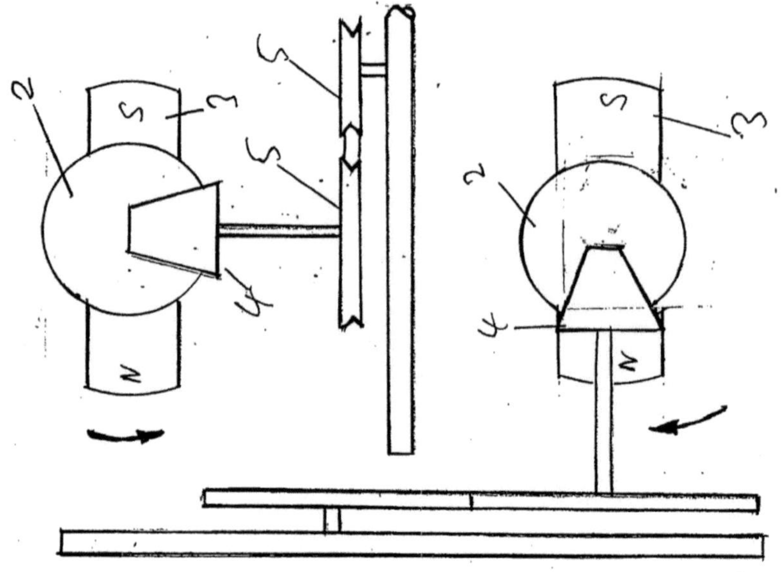

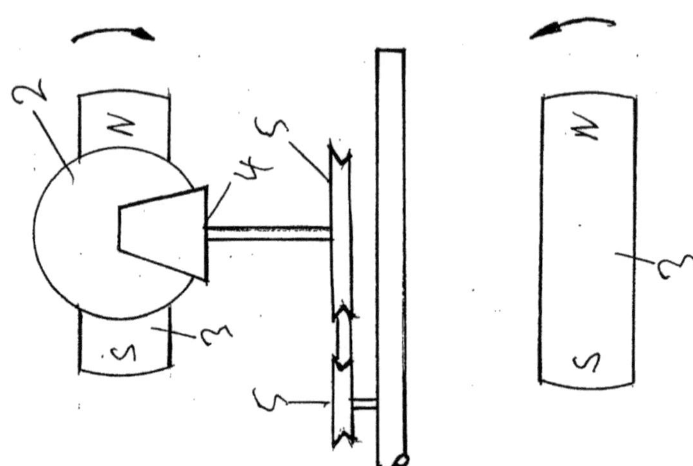

508 040/375

(19) BUNDESREPUBLIK DEUTSCHLAND

DEUTSCHES PATENTAMT

(12) **Offenlegungsschrift**

(10) **DE 195 08 821 A 1**

(51) Int. Cl.⁶:
C 02 F 1/44
C 02 F 1/14

(21) Aktenzeichen: 195 08 821.2
(22) Anmeldetag: 11. 3. 95
(43) Offenlegungstag: 5. 10. 95

DE 195 08 821 A 1

Mit Einverständnis des Anmelders offengelegte Anmeldung gemäß § 31 Abs. 2 Ziffer 1 PatG

(71) Anmelder:
Pfautsch, Emil, 42555 Velbert, DE

(72) Erfinder:
gleich Anmelder

(54) Solare Meerwasserentsalzungsanlage

(57) In zwei Behältern befinden sich je eine halbdurchlässige Membrane. Im Hohlraum der durch die Membrane gebildet wird, befindet sich Meerwasser mit einem Salzgehalt von 35 g/l. Im rechten Hohlraum des Behälters befindet sich konzentrierte Salzlösung mit einem Salzgehalt von 200 g/l. Dadurch, daß die Lösung höher konzentriert ist diffundiert Wasser in die höherkonzentrierte Lösung. Es baut sich ein osmotischer Druck auf. Die unter Druck stehende Lösung drückt auf eine bewegliche Membrane in einer Rohrleitung und schiebt Meerwasser vor sich her. Das Meerwasser wird durch die Membrane gedrückt, die nur Wasser und kein Salz durchläßt.
Es entsteht auf der Rückseite der Membrane Süßwasser.
Dies dauert solange an, bis die konzentrierte Lösung sich verdünnt hat. Nun wird die verdünnte Lösung in ein Gradierwerk gegeben, das ist ein offenes quaderförmiges Gestellt gefüllt mit Dornreisig, das mit den Breitseiten dem Wind ausgesetzt wird. Die konzentriertere Lösung wird nun in einen Flachbecken gebracht, das der Sonne ausgesetzt wird. Unter dem Einfluß der Sonnenstrahlung verdunstet ein Teil des Wassers der Lösung und die Lösung wird konzentrierter und wird durch eine Pumpe wieder in den linken Hohlraum des Behälters gegeben.

DE 195 08 821 A 1

Die folgenden Angaben sind den vom Anmelder eingereichten Unterlagen entnommen

1

Beschreibung

In zwei Behältern A und B befinden sich je eine halbdurchlässige Membrane die nur E Wasser und kein Salz durchläßt. In den Hohlraum C befindet sich konzentrierte Salzlösung mit einen Salzgehalt von 200 g/L. An der Membrane 2 liegt im Hohlraum E Meerwasser mit einer Konzentration von 35 g/L an. Das Meerwasser diffundiert durch die Membrane 2 in die höherkonzentrierte Lösung in den Hohlraum C. Der Hohlraum C ist durch eine Rohrleitung mit dem Hohlraum D des Behälter B verbunden.

In den Hohlraum C des Behälters A baut das hereindiffundierte Wasser einen Druck auf. Dieser Druck wird auf die verschiebbare Membrane 7 übertragen und drückt normales Meerwasser, was sich vor der Membrane 7 befindet, durch die Membrane 2 des Behälters B. In den Hohlraum F des Behälter B bildet sich Süßwasser. Dieser Vorgang dauert nur so lange, bis sich die konzentrierte Salzlösung in den Behälter A im Hohlraum C verdünnt hat, und damit der osmotische Druck nachläßt.

Deshalb wird die verdünnte Lösung von Behälter A in den Hohlraum C durch die Pumpe 3 in das Flachbecken 4 geleitet, dort verdunstet durch die Einwirkung der Sonne ein Teil des Wassers der Lösung, und die Lösung wird aufkonzentriert. Ein anderer Teil der Lösung aus den Behälter A wird durch die Pumpe 3 in ein Gradierwerk gegeben.

Dieses besteht aus einem rechteckigen Quader, in dem sich Dornreisig befindet. Die Breitseiten des Quaders werden dem Wind ausgesetzt, und die Lösung die von oben auf die Dornreiser gegeben wird, wird durch den Wind der das Wasser der Lösung verdunstet aufkonzentriert. Die aufkonzentrierte Lösung wird durch die Pumpe 3 wieder in den Hohlraum C des Behälters A gegeben. Wobei beachtet werden muß, daß sich in den Hohlraum D des Behälters B sich die Salzkonzentration des Meerwassers erhöht, wobei der Hohlraum B von Zeit zu Zeit mit frischem Meerwasser geflutet werden muß. Die Anlage ist wesentlich kostengünstiger als eine Destillationsanlage, kann jedoch mit einer Destillationsanlage gekoppelt werden, wenn Salzsohle anfällt.

Bezugszeichenliste

1 Behälter A und B
2 Halbdurchlässige Membranen
3 Pumpe
4 Flachbecken
5 Quaderförmiges Gestell
6 Auffangwanne für Salzsohle

Patentanspruch

Solare Meerwasserentsalzungsanlage, **dadurch gekennzeichnet,** daß sich in zwei Behältern A und B sich je eine halbdurchläßige Membrane befindet. In den Hohlraum des einen Behälters befindet sich konzentrierte Salzlösung und ist durch eine Rohrleitung mit dem Hohlraum des Behälters B verbunden. Vor der Membrane des Behälters A befindet sich Meerwasser. Dieses diffundiert durch die Membrane in den Hohlraum des Behälters A und baut einen osmotischen Druck auf. Dieser Druck überträgt sich auf eine bewegliche Membrane in der Rohrleitung und drückt Meerwasser durch die Membrane des Behälters B. An dieser Membrane

2

entsteht Süßwasser.

Zur Aufrechterhaltung der Konzentration der Lösung dient ein Gradierwerk, das aus einen quaderförmigen Gestell besteht.

In dem Gestell befindet sich Dornreisig und wird mit den Breitseiten den Wind ausgesetzt. Die lösung wird von oben auf das Dornreisig gegeben, wo sie sich unter der Wirkung des Windes konzentriert. In einen Auffangbecken sammelt sie sich. Die vorkonzentrierte Lösung wird nun in ein Flachbekken gegeben, wo sie der Sonne ausgesetzt wird und ein Teil des Wassers der Lösung verdunstet und die Lösung wird konzentrierter. Ist der Konzentrationsgrad erreicht, so wird die konzentrierte Lösung in den Hohlraum des Behälters A gegeben wo sich der osmotische Druck wieder aufbaut.

Hierzu 1 Seite(n) Zeichnungen

- Leerseite -

Nummer: DE 195 08 821 A1
Int. Cl.⁶: C 02 F 1/44
Offenlegungstag: 5. Oktober 1995

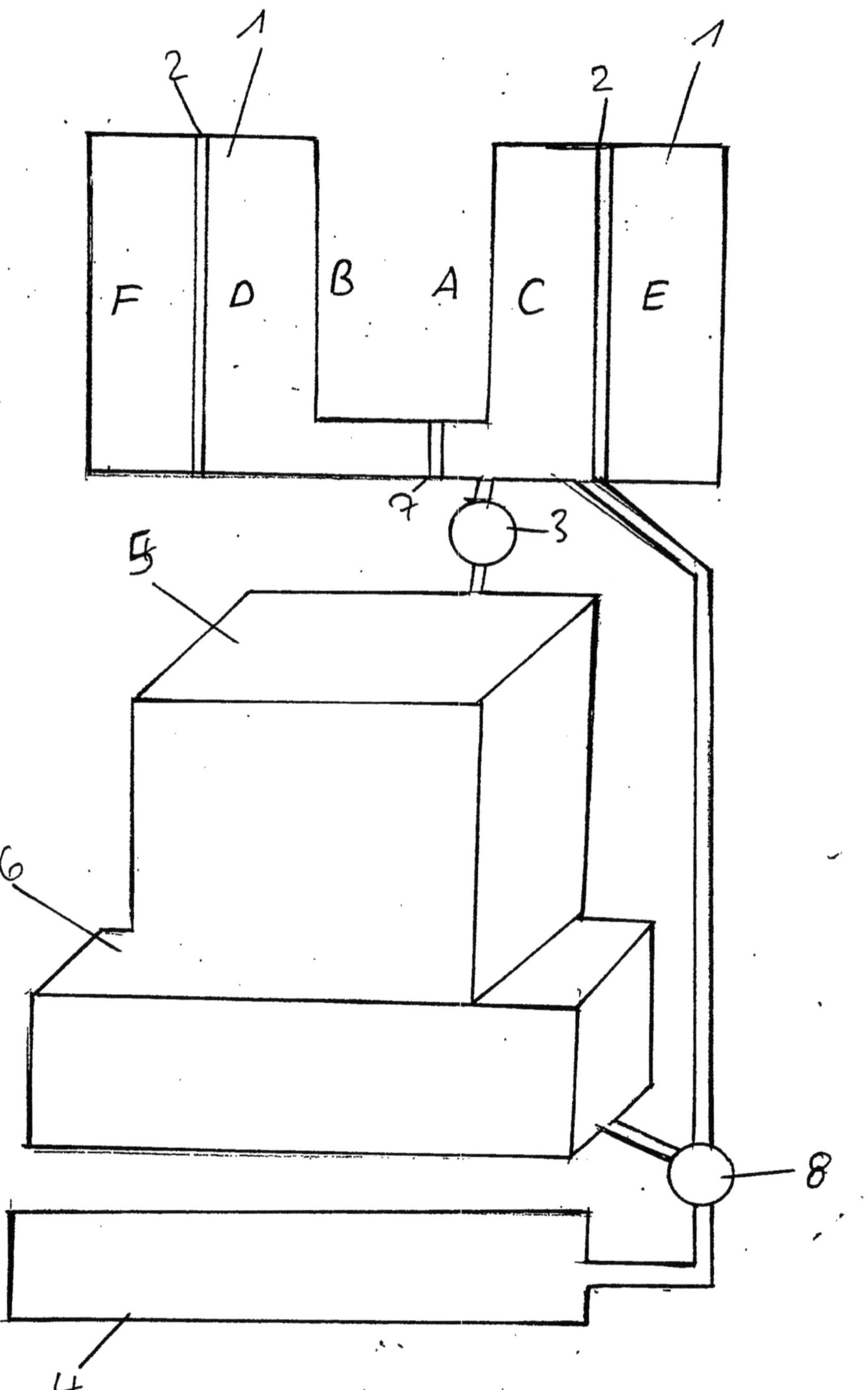

508 040/550

(19) **BUNDESREPUBLIK DEUTSCHLAND**

DEUTSCHES PATENTAMT

(12) **Offenlegungsschrift**

(10) **DE 196 45 342 A 1**

(51) Int. Cl.[6]:
H 02 K 53/00
H 02 K 35/00

(21) Aktenzeichen: 196 45 342.9
(22) Anmeldetag: 4. 11. 96
(43) Offenlegungstag: 7. 5. 98

(71) Anmelder:
Pfautsch, Emil Johannes, 42555 Velbert, DE

(72) Erfinder:
gleich Anmelder

Die folgenden Angaben sind den vom Anmelder eingereichten Unterlagen entnommen

Der Inhalt dieser Schrift weicht von dem am Anmeldetag eingereichten Unterlagen ab

(54) Maschine die, die Feldenergie eines Dauermagneten und der Schwerkraft nutzt

(57) Ein hufeisenförmiger Dauermagnet trägt am Jochbein eine Spule und jeweils an den Schenkeln.
An den Polen sind vier Eisenstücke angezogen.
Das Gewicht der Eisenstücke beträgt jeweils ein wenig weniger als ein Viertel der Magnetkraft.
Die Kraft des Dauermagneten beträgt ein wenig mehr als das Gewicht der Eisenstücke. Nun wird ein kurzer Gleichspannungsimpuls in die Spulen der Schenkel gegeben, die Eisenstücke fallen ab, und verursachen in der Spule eine Spannung.
Sind die Eisenstücke abgefallen, so baut sich wieder das volle Feld im Dauermagneten auf.
Die Eisenstücke werden nacheinander angezogen.
Es hat sich ein geschlossener magn. Kreis gebildet, ein erneuter Spannungsstoß in der Spule ist die Folge. Nun wird wieder in die Spule ein Gleichstromimpuls gegeben.
Der Vorgang wiederholt sich.

DE 196 45 342 A 1

Beschreibung

Ein Hufeisenmagnet trägt im Jochbein und an den Schenkeln eine Spule.

Vor den Polen des Magneten sind in Phase A der Zeichnung vier Eisenstücke von den Magneten angezogen. Die Magnetkraft des Magneten ist ein wenig größer als die Gewichtskraft der Eisenstücke.

Nun wird in die Spulen der Schenkel ein Gleichstromimpuls gegeben. Die Folge davon ist das, das Feld des Dauermagneten geschwächt wird und die Eisenstücke fallen ab (dargestellt in Phase B der Zeichnung).

Das Gewicht der Eisenstücke beträgt jeweils ein Viertel der Magnetkraft. Das Eisenstück **1** wird angezogen und löst sich vom Eisenstück **2** weil die magnetische Kraft mit der die Eisenstücke zusammenhängen geringer ist als das Gewicht der Eisenstücke **3**. In Phase C ist das dargestellt.

Das Eisenstück **2** ist ein wenig leichter als die Magnetkraft. Derselbe Vorgang geschieht auch in Phase D, E, F.

Wenn alle Eisenstücke angezogen sind entsteht ein geschlossener magnetischer Kreis und der magnetische Fluß hat sein Maximum erreicht. Mit der Folge das in der Spule **6** eine Spannung induziert wird. Wenn alle Eisenstücke wieder abfallen hat der magn. Fluß sein Minimum, es wird wieder eine Spannung induziert. Durch den Gleichspannungsimpuls kann man die Maschine steuern.

Bezugszeichenliste

1 Hufeisenmagnet
2 Eisenstück
3 Eisenstück
4 Eisenstück
6 Spule
7 Spule
8 Messingblech
9 Abschirmung

Patentansprüche

Magnetische Maschine die, die Feldkraft eines Dauermagneten und das Schwerefeld der Erde ausnützt.
Dadurch gekennzeichnet das ein hufeisenförmiger Dauermagnet an den Schenkeln jeweils eine Spule und am Joch auch eine Spule trägt.
Es befinden sich 4 Eisengewichtsstücke an den Magneten.
Das Gewicht eines Eisenstückes beträgt jeweils der Magnetkraft des Dauermagneten weil die Kraft des Magneten mit dem Quadrat der Entfernung abnimmt.
Das Gewicht der Eisenstücke ist so gewählt das sie ein wenig leichter sind als die Magnetkraft. Nun wird ein Gleichspannungsimpuls auf die Spule am Joch gegeben so, das daß Feld ein wenig geschwächt wird. Die Eisenstücke fallen alle ab und verursachen in der Spule an den Schenkeln eine Feldänderung.
Es entsteht in den Spulen eine Spannung.
Nun wird der Gleichspannungsimpuls abgeschaltet das Feld des Dauermagneten baut sich in voller Stärke wieder auf die Eisenstücke werden nacheinander wieder angezogen, es entsteht wieder eine Feldänderung eine Spannung an den Spulen an den Schenkeln ist die Folge.

Hierzu 1 Seite(n) Zeichnungen

- Leerseite -

Nummer: DE 196 45 342 A1
Int. Cl.⁶: H 02 K 53/00
Offenlegungstag: 7. Mai 1998

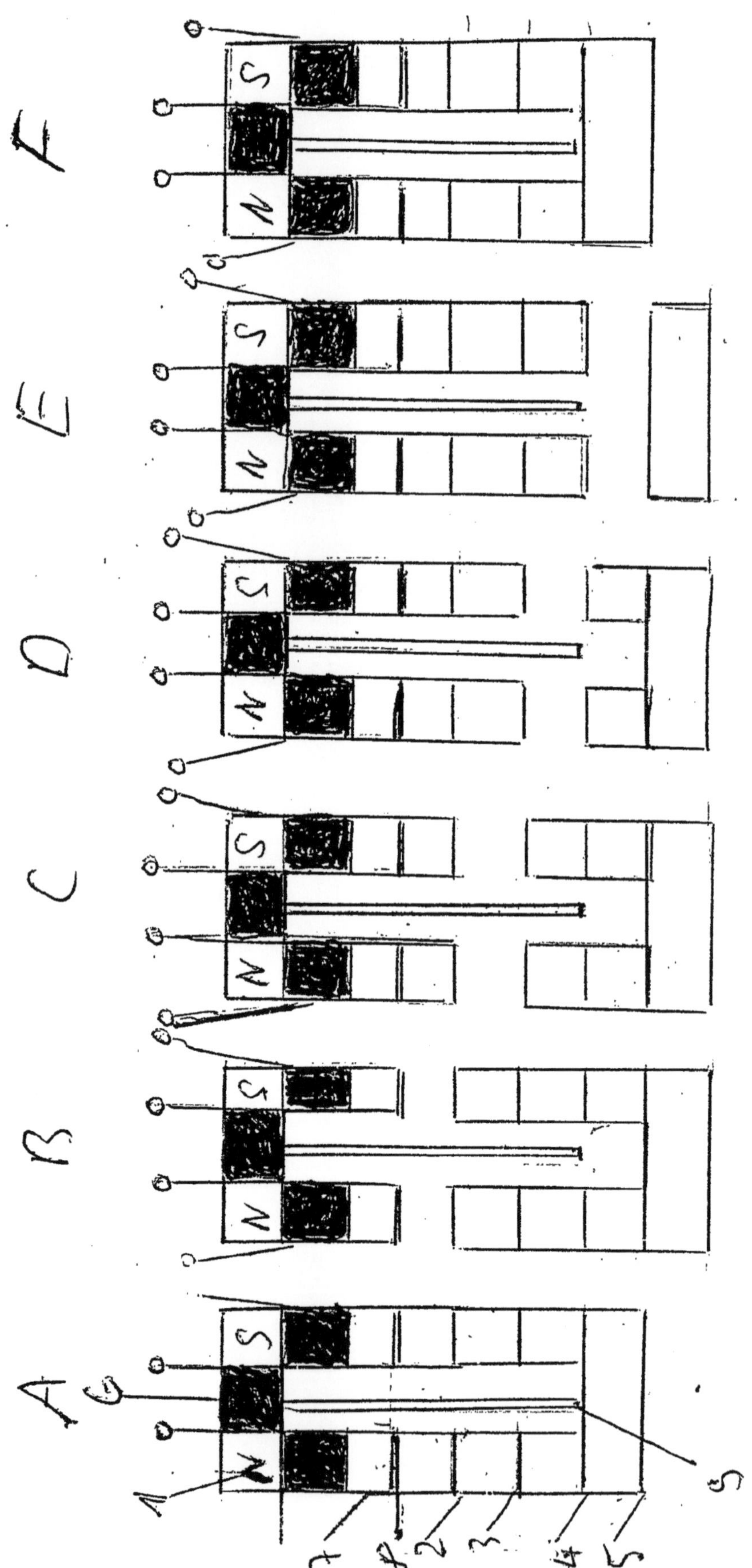

(19) BUNDESREPUBLIK DEUTSCHLAND

DEUTSCHES PATENT- UND MARKENAMT

(12) **Offenlegungsschrift**

(10) **DE 197 42 020 A 1**

(51) Int. Cl.^{6}:
H 02 N 11/00

DE 197 42 020 A 1

(21) Aktenzeichen: 197 42 020.6
(22) Anmeldetag: 24. 9. 97
(43) Offenlegungstag: 25. 3. 99

(71) Anmelder:
Pfautsch, Emil Johannes, 42555 Velbert, DE

(72) Erfinder:
Erfinder wird später genannt werden

Die folgenden Angaben sind den vom Anmelder eingereichten Unterlagen entnommen

(54) Zelle zur Erzeugung von elektrischer Energie aus Salzwasser

DE 197 42 020 A 1

1

Beschreibung

Beschreibung der Zelle die aus Salzwasser elektrische Energie erzeugt.

Löst man ein Salz in Wasser z. B. HCl so kühlt die Lösung sich ab.

Die Wärmeenergie die gebraucht wird um das Salz in Ionen zu überführen wird der Umgebung entnommen und ist in der Lösung gespeichert.

Für den atlantischen Ozean das einen Salzgehalt von 35 g/Liter hat, entspricht das von einen kg Wasser 240 mkp. Weil der osmotische Druck bei einer Konzentration von 35 g/l 24 Atmosphären entspricht.

Folgende Anordnung macht es möglich, elektrische Energie zu Gewinnen.

Es zeigen in der Zeichnung

1. Isolierte Elektroden
2. Behälter
3. Messingdrahtnetze
4. Ventil

In einen Behälter befinden sich isolierte Elektroden an die eine Gleichspannung von 100 V anliegt.

Unter dem Einfluß des elektrischen Feldes wandern die Na Ionen denen ein Elektron fehlt und damit zum positiv geladenen Ion wurden zur Kathode und nehmen ein Elektron auf und es bildet sich Natriumhydroxyd.

Die negativ geladenen Chlor Ionen die ein Elektron zuviel haben geben ein Elektron an der Anode ab und es entsteht elementares Chlorgas.

An der Kathode und der Anode bildet sich in den Draht netzen ein elektrisches Potential. Bei geschlossenen Stromkreis fließt über den Verbraucher ein Strom und leistet Arbeit. Man kann mit den isolierten Elektroden eine Ladungstrennung vornehmen und ein Potential ist die Folge.

Zur Richtigkeit meiner Behauptung möge ich auf ein Konzentrationselement verweisen.

Hat man nämlich zwei gleiche Elektrolyte unterschiedlicher Konzentration vor sich so entsteht ein Potential.

An den isolierten Elektroden wird keine Energie verbraucht weil kein Strom fließt.

Folgendes Rechenbeispiel soll zeigen um welche Dimensionen sich bei den Gerät handelt bei einer angenommenen Leistung von 1 KW.

Da das Meerwasser einen Salzgehalt von 35 g/Liter hat, ergibt sich ein osmotischer Druck von 1,24 Atmosphären. Das heißt, 1 kg Wasser kann 240 Meter hochgehoben werden, das entspricht 240 mkp. Ein KW hat 270 000 mkp
270 000/240 = 1125 Liter

1,125 m Wasser müssen in der Stunde von der Anlage verarbeitet werden.

Patentansprüche

Maschine die, die Schwerkraft und das Feld eines Dauermagneten nutzt, **dadurch gekennzeichnet**, das ein Hufeisenmagnet zwei Spulen trägt und 4 Gewichte die jeweils der Magnetkraft betragen angezogen sind. Nun wird ein kurzer Gleichstromimpuls in die erste Spule gegeben die Gewichte fallen ab und unterbrechen den magnetischen Kreis. In der Spule wird eine Spannung induziert. Nun wird der Impuls unterbrochen.

Das Magnetfeld baut sich in voller Stärke wieder auf, die Gewichte werden nacheinander angezogen und schließen den magnetischen Kreis.

2

Eine Spannung in der Spule ist die Folge.

Hierzu 1 Seite(n) Zeichnungen

- Leerseite -

Nummer: **DE 197 42 020 A1**
Int. Cl.⁶: **H 02 N 11/00**
Offenlegungstag: 25. März 1999

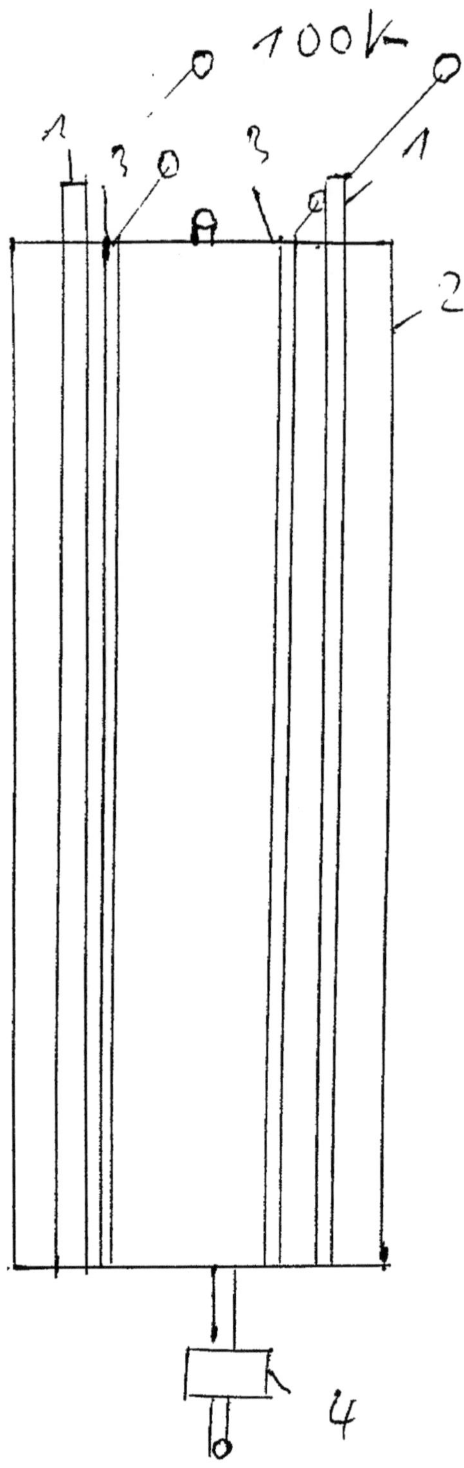

(19) BUNDESREPUBLIK DEUTSCHLAND

DEUTSCHES PATENT- UND MARKENAMT

(12) **Offenlegungsschrift**

(10) **DE 197 58 164 A 1**

(51) Int. Cl.[6]:
H 02 K 53/00
H 02 K 35/00

(21) Aktenzeichen: 197 58 164.1
(22) Anmeldetag: 30. 12. 97
(43) Offenlegungstag: 1. 7. 99

DE 197 58 164 A 1

(71) Anmelder:
Pfautsch, Emil Johannes, 42555 Velbert, DE

(72) Erfinder:
Antrag auf Nichtnennung

Die folgenden Angaben sind den vom Anmelder eingereichten Unterlagen entnommen

(54) Maschine die, die Schwerkraft und das Feld eines Dauermagneten nutzt

DE 197 58 164 A 1

Beschreibung

Ein hufeisenförmiger Dauermagnet trägt im Jochbein zwei Spulen.

Ein hufeisenförmiges Eisenstück ist angezogen.

Nun wird in die Spule **2** ein Gleichstromimpuls gegeben, der das Feld Dauermagneten auf 1/4 der Feldstärke schwächt.

Das Gewicht des Eisenstückes beträgt 1/4 der Magnetkraft das Eisenstück fällt ab.

Dadurch wird der magnetische Kreis unterbrochen und eine Feldänderung ist die Folge in der Spule **2** wird eine Spannung induziert.

Nun wird e der Gleichstromimpuls abgeschaltet und das Magnetfeld des Dauermagneten baut sich auf die volle Stärke auf.

Das Eisenstück **4** wird angezogen und der magnetische Kreis ist wieder geschlossen das Feld ändert sich wieder und es wird in der Spule **2** eine Spannung induziert.

Bezugszeichenliste

1, 2 = Spulen
3 = Dauermagnet
4 = Eisenstück

Energiebilanz der magnetischen Maschinen

Zunächst muß das Feld des Dauermagneten auf 1/4 der Feldstärke geschwächt werden das kostet Arbeit.

Das Gewicht des Eisenstückes beträgt 1/4 der Magnetkraft und fällt ab. Dabei entsteht eine Feldänderung in der Spule **1** mit der Folge, daß in der Spule eine Spannung induziert wird.

Nun wird der Gleichstromimpuls abgeschaltet und das Feld des Dauermagneten baut sich auf 4/4 der Feldstärke auf. Das Eisenstück wird angezogen und schließt den magnetischen Kreis, eine kräftige Änderung des ist die Folge mit dem Effekt, daß in der Spule **1** eine Spannung induziert wird.

Zunächst müssen der magnetischen Energie zugeführt werden.

Geleistet werden aber der Energie der Energieüberschuß beträgt 25% wenn man die Kupfer und Eisenverluste von 5% abzieht bleibt ein Energieüberschuß von 20%.

Patentansprüche

Maschine, die die Schwerkraft und das Feld eines Dauermagneten nutzt, **dadurch gekennzeichnet,** daß ein Hufeisenmagnet im Jochbein zwei Spulen trägt angezogen ist ein Gewicht das so schwer ist wie 1/4 der Magnetkraft. Nun wird ein Gleichstromimpuls auf die Spule gegeben, so daß 3/4 der Magnetkraft geschwächt werden. Das Gewicht fällt ab und leistet 1/4 der Magnetkraft. Nun wird der Impuls abgeschaltet das Magnetfeld baut sich auf 4/4 der Magnetkraft auf. Das Gewicht wird angezogen und leistet der Magnetkraft Arbeit. Die Arbeit kann in der zweiten Spule im Jochbein abgegriffen werden. Es wird einmal der magnetische Kreis unterbrochen zum anderen wieder geschlossen.

Hierzu 1 Seite(n) Zeichnungen

- Leerseite -

Nummer: **DE 197 58 164 A1**
Int. Cl.⁶: **H 02 K 53/00**
Offenlegungstag: 1. Juli 1999

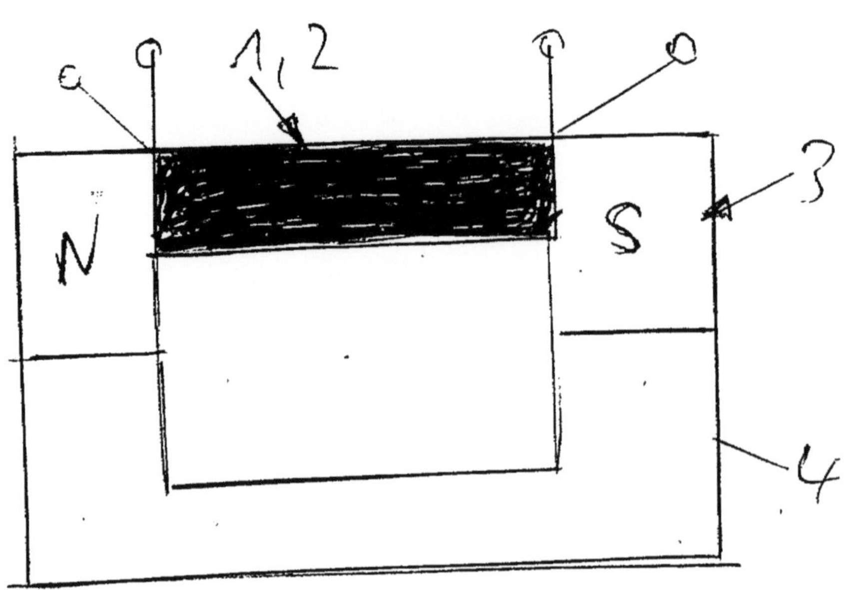

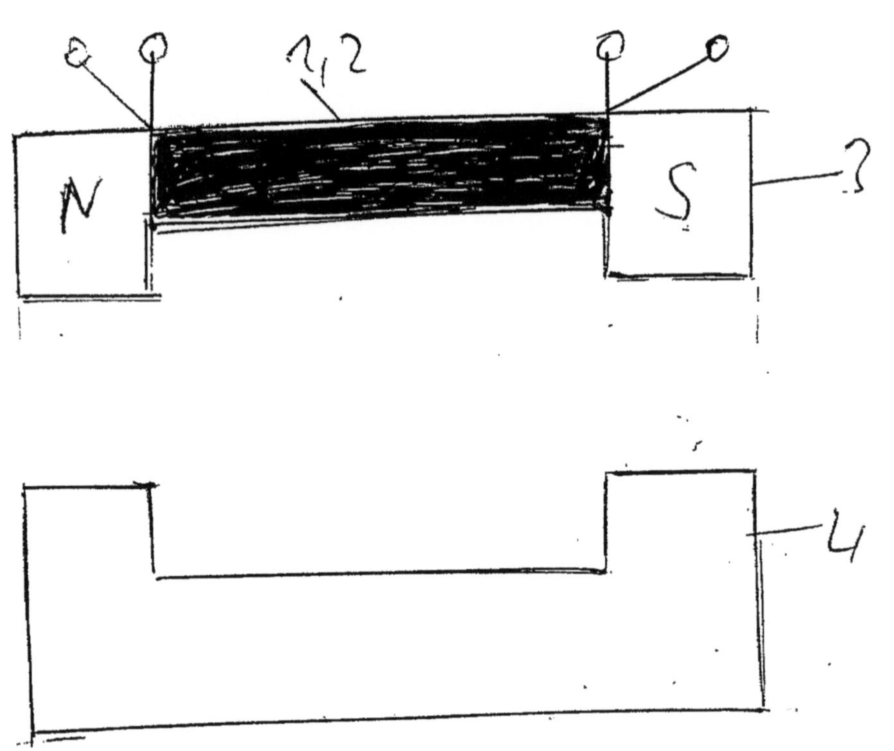

(19) **BUNDESREPUBLIK DEUTSCHLAND**

DEUTSCHES PATENT- UND MARKENAMT

(12) **Offenlegungsschrift**

(10) **DE 198 23 204 A 1**

(51) Int. Cl.[6]:
H 02 K 53/00
H 02 K 35/00

(21) Aktenzeichen: 198 23 204.7
(22) Anmeldetag: 25. 5. 98
(43) Offenlegungstag: 2. 12. 99

DE 198 23 204 A 1

(71) Anmelder:
Pfautsch, Emil Johannes, 42555 Velbert, DE

(61) Zusatz zu: 197 58 164.1

(72) Erfinder:
gleich Anmelder

Die folgenden Angaben sind den vom Anmelder eingereichten Unterlagen entnommen

(54) Maschine, die aus der Manipulation von supraleitenden Spulen elektr. Energie gewinnt

(57) Zwei halbkreisförmige Spulenkörper tragen Spulen in Supraleitung. Die erste Spule des oberen Spulenkörpers trägt eine Spule in Supraleitung und das Feld ist auf die volle Feldstärke aufgebaut. Die untere Spule hat ebenfalls Supraleitung. Nun wird ein Induktionsstoß auf die Wicklung gegeben und die Feldstärke sinkt auf 1/4 des Wertes. Die untere Spule wird von den Druckfedern weggedrückt und der magnetische Kreis ist geöffnet.

Nun wird ein Induktionsstoß in die obere Spule gegeben und das Feld baut sich wieder auf. Die untere Spule wird angezogen und schließt den magnetischen Kreis. Eine Feldänderung und eine Induktionsspannung ist die Folge. Nachdem das Feld auf 1/4 des Wertes geschwächt wurde, drücken die Druckfedern den zweiten Spulenkörper weg. Eine Feldänderung ist die Folge, an der Arbeitswicklung kann eine Leistung abgeglitten werden. Nun wird in die Spule 5 ein Induktionsstoß gegeben, der den Strom in der Wicklung zum Erliegen bringt. Das Feld der Hauptspule baut sich auf die volle Stärke wieder auf. Und der zweite Spulenkörper wird angezogen und spannt die Druckfedern. Es entsteht ein geschlossener magnetischer Kreis mit maximaler Feldstärke. Durch die Feldänderung kann an der Arbeitsentwicklung eine Leistung abgegriffen werden. Da die Magnetfelder extrem stark sind, ist auch die erzielbare Leistung sehr hoch. Es gibt bereits supraleitendes Material, daß weit über den absoluten 0Punkt der Temperatur supraleitend ist. Mein Plan ist es, eine Energieversorgung ...

Beschreibung

Es zeigen:
1 = Spulenkörper
2 = Subraleitende Spule
5 = Subraleitende Spule
4 = Druckfedern
3 = Induktionsspulen
6 = Arbeitswicklung.

Zwei halbkreisförmige Spulenkörper tragen Spulenkörper in Subraleitung. Da die Stromstärke in den Subraleitern sehr hoch ist, ist auch das daraus resultierende Magnetfeld extrem stark. Im Spulenkörper **1** ist eine zweite Spule in Subraleitung angebracht. Das Magnetfeld ist auf voller Stärke ausgebildet. Die untere Spule ist angezogen und die Druckfedern gespannt. Nun wird ein Induktionsstoß in die Arbeitswicklung **5** gegeben. Der so bemessen ist, daß das Magnetfeld der Halbspule auf 1/4 der Feldstärke absinkt. Durch die Feldänderung kann an der Arbeitswicklung **6** eine Leistung entnommen werden. Es ist auch zu beachten, daß die Spulen eine Selbstinduktion haben, die Induktionsspannung ist immer so gerichtet, daß der Induktionsstrom seinen Entstehungsgang zu hemmen versucht. Dem begegnet man mit aufgesetzten Induktionsspulen, die die Stromstärke in den Wicklungen konstant halten.

Patentansprüche

Maschine, die durch die Manipulation von Spulen die sich in Supraleitung befindende elektrische Energie gewinnt, **dadurch gekennzeichnet**, daß zwei halbkreisförmige Spulenkörperspulen in Supraleitung tragen. Die erste Spule des oberen Spulenkörper trägt eine Spule in Supraleitung und das Feld ist auf die volle Feldstärke aufgebaut. Nun wird ein Induktionsstoß auf die Wicklung gegeben und die Feldstärke sinkt auf des Wertes. Die untere Spule wird von den Druckfedern weggedrückt und der magnetische Kreis ist geöffnet. Nun wird ein Induktionsstoß in die obere Spule gegeben und das Feld baut sich auf die volle Stärke wieder auf. Die untere Spule wird angezogen und schließt den magnetischen Kreis eine Feldänderung und eine Induktionsspannung ist die Folge. Das beschriebene Arbeitsspiel wiederholt sich.

Hierzu 1 Seite(n) Zeichnungen

- Leerseite -

Nummer: **DE 198 23 204 A1**
Int. Cl.⁶: **H 02 K 53/00**
Offenlegungstag: 2. Dezember 1999

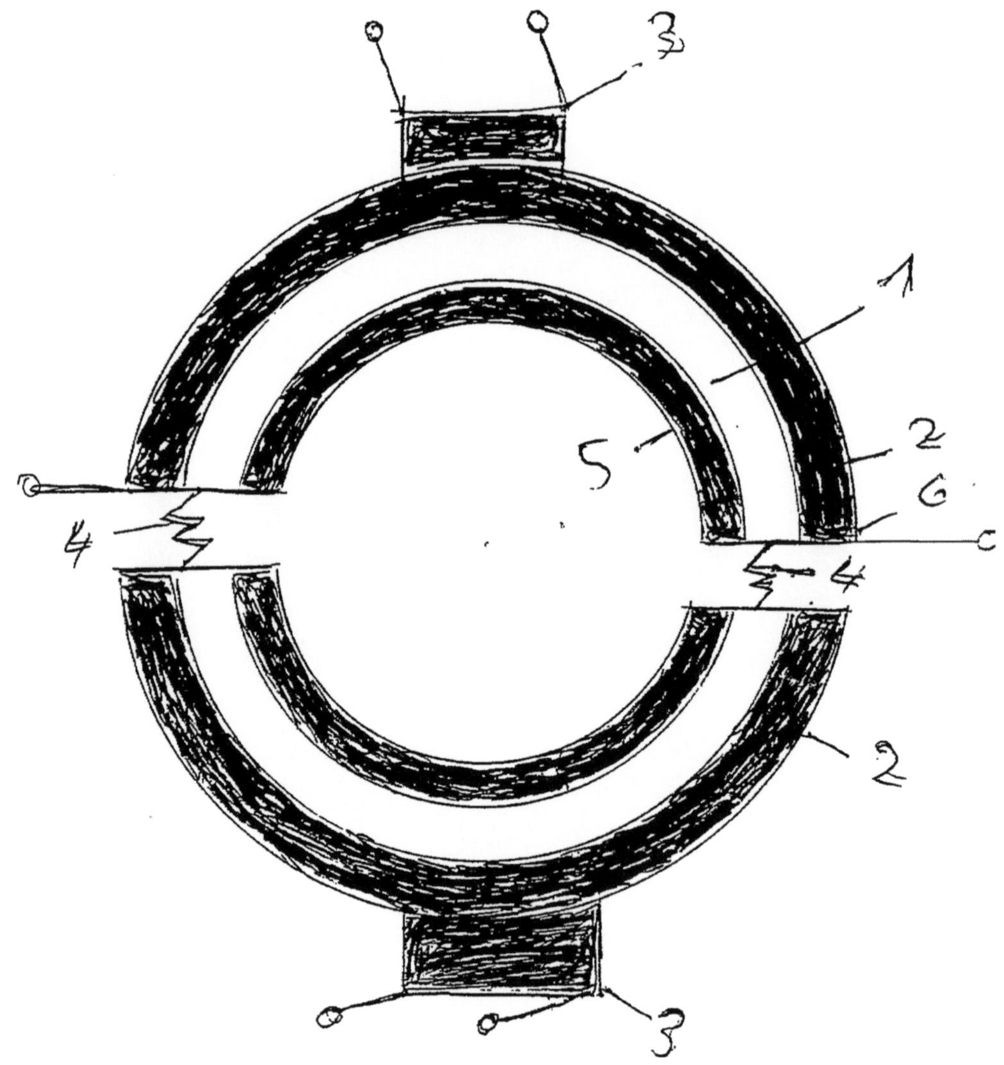

(19) BUNDESREPUBLIK DEUTSCHLAND

DEUTSCHES PATENT- UND MARKENAMT

(12) **Offenlegungsschrift**

(10) **DE 198 56 672 A 1**

(51) Int. Cl.[7]:
H 02 K 53/00
H 02 K 35/00

(21) Aktenzeichen: 198 56 672.7
(22) Anmeldetag: 9. 12. 1998
(43) Offenlegungstag: 15. 6. 2000

DE 198 56 672 A 1

(71) Anmelder:
Pfautsch, Emil Johannes, 42555 Velbert, DE

(72) Erfinder:
gleich Anmelder

Die folgenden Angaben sind den vom Anmelder eingereichten Unterlagen entnommen

(54) Maschine die aus der Manipulation von zwei Dauermagneten elektr. Energie gewinnt

(57) Ein Magnetpaar trägt im NJochbein zwei Spulen. Und ein Weicheisenstück ist angezogen. Der obere Magnet hat die volle Feldstärke der untere ist durch einen Gleichstrom auf 3/4 des Wertes geschwächt. Nun wird das Magnetfeld des oberen Magneten auf 3/4 der Feldstärke geschwächt. Der untere Magnet hat die volle Feldstärke. Das Weicheisenstück wird von den unteren Magneten angezogen und verursacht eine Feldänderung. In der Spule entsteht eine Spannung. Ist dies erfolgt, dann wird das Magnetfeld des oberen Magneten sich auf die volle Stärke aufbauen. Das Magnetfeld des unteren Magneten wird auf 3/4 geschwächt und der beschriebene Vorgang wiederholt sich.

DE 198 56 672 A 1

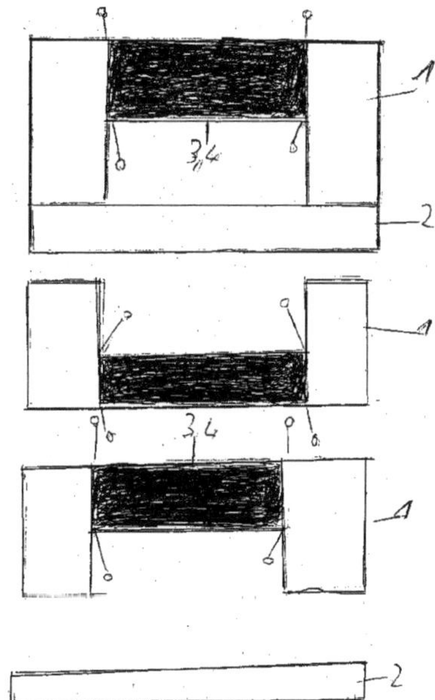

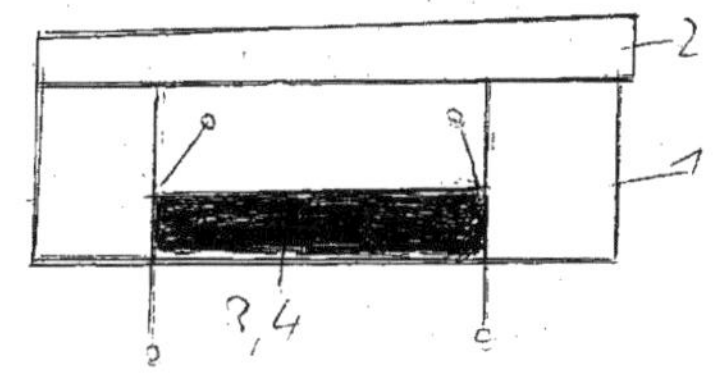

12

Beschreibung

Ein Ausführungsbeispiel ist in der Zeichnung dargestellt und wird näher erläutert.

Es zeigen

1 Dauermagnet

2 Weicheisenstück

3, 4 Spulen

Ein Magnetpaar trägt im Jochbein zwei Spulen. Der erste Dauermagnet h hat die volle Feldstärke und das Weicheisenstück ist angezogen. Das Magnetfeld des unteren Magneten ist auf des Wertes des ersten Magneten geschwächt. Nun wird auf den ersten Magneten ein Gleichstromimpuls gegeben, das Magnetfeld wird auf des Wertes geschwächt. Im unteren Magnet wird der Gleichstromimpuls abgeschaltet. Das Feld baut sich auf des Wertes auf. Das Weicheisenstück wird vom unteren Magneten angezogen. Dadurch das, daß Weicheisenstück sich auf den unteren Magneten sich zu bewegt schließt sich der magnetische Kreis. In der Spule entsteht eine Feldänderung und eine Spannung ist die Folge. Nun wird auf den ersten Magneten ein Gleichimpuls gegeben das Magnetfeld wird auf des Wertes geschwächt. Im unteren Magneten wird der Gleichstromimpuls abgeschaltet. Das Feld baut sich auf des Wertes auf. Das Weicheisenstück wird vom unteren Magneten angezogen. Dadurch das, daß Weicheisenstück sich wegbewegt entsteht in der Spule des ersten Magneten eine Feldänderung und eine Spannung in derselben ist die Folge. Dadurch das, daß Weicheisenstück sich auf den unteren N Magneten sich zu bewegt schließt sich der magnetische Kreis in denselben Magneten entsteht wieder eine Spannung.

Patentansprüche

Maschine die durch die Manipulation von zwei Dauermagneten elektrische Energie gewinnt, dadurch gekennzeichnet, daß ein Magnetpaar im Jochbein zwei Spulen trägt. Der erste Dauermagnet hat die volle Feldstärke, der zweite ¾ des Wertes.

Ein Weicheisenstück ist angezogen. Nun wird das Feld des Dauermagneten auf ¾ des Wertes geschwächt, der untere Magnet hat die volle Feldstärke. Das Weicheisenstück wird von den unteren Magneten angezogen und verursacht eine Feldänderung.

Dann wiederholt sich der beschriebene Vorgang. Der obere Magnet hat volle Feldstärke, der untere wird geschwächt.

Hierzu 1 Seite(n) Zeichnungen

- Leerseite -

Nummer: **DE 198 56 672 A1**
Int. Cl.⁷: **H 02 K 53/00**
Offenlegungstag: 15. Juni 2000

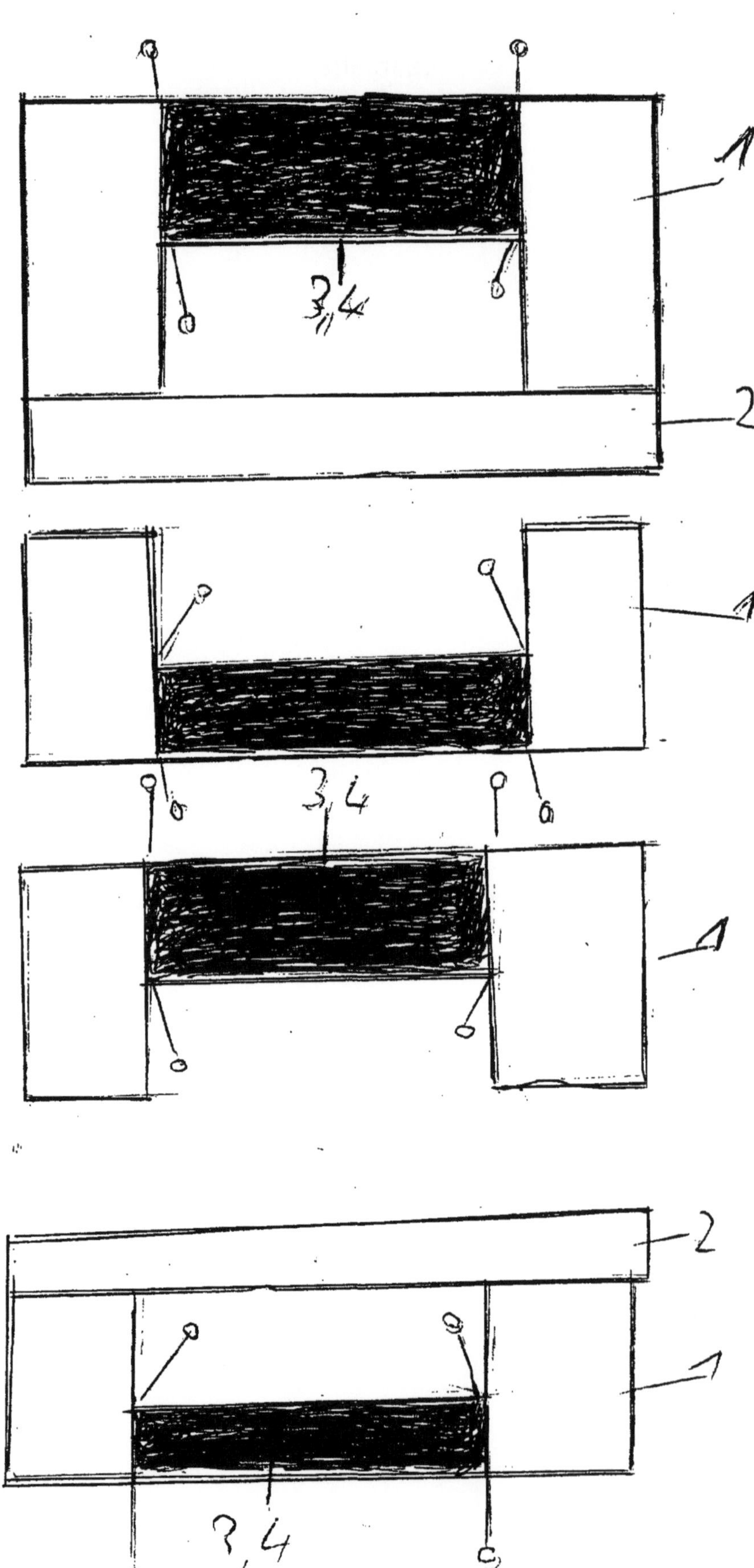

Nachwort des Autors

Das ist es nun, das Lebenswerk des Herrn Emil Johannes Pfautsch. Ein Leben lang hat er sich Gedanken darüber gemacht, wie man diese Welt verbessern kann. Tagein, tagaus hat er getüftelt. Er wollte auch einen kleinen Beitrag dafür leisten, die Problem der heutigen Zeit zu verbessern. Von seinen Lösungen wollte aber bis zum heutigen Tag leider noch niemand etwas wissen. Die Früchte seiner langjährigen Arbeit konnte er bis heute nicht genießen.

Vielleicht befindet sich unter der Leserschaft ein liebenswerter Mensch, der an der einen oder anderen Idee Interesse zeigt. Auch wenn an manchen Stellen noch ein wenig Nachholbedarf besteht, so würde der Erfinder, Herr Emil Johannes Pfautsch, bestimmt gerne an der Entwicklung einer Marktlösung mitarbeiten. Er würde sich bestimmt darüber freuen, wenn ihn jemand in dieser Sache konstruktiv kontaktiert; aber bitte keine beleidigenden Äußerungen.

In diesem Sinne wünsche ich all denjenigen, die dieses Buch mit sämtlichen Erfindungen des Herrn Emil Johannes Pfautsch in die Hand nehmen, eine angenehme inspirative Zeit.

Das dunkle Geheimnis der Psychiatrie:
Der Leidensweg des Emil Johannes Pfautsch

Der Leidensweg des Emil Johannes Pfautsch. Wenn Sie meinen, mit der Biographie irgendeines Ausgegrenzten nichts anfangen zu können, dann irren Sie gewaltig. Dieses Buch beschreibt Ihre persönliche Zukunft vielleicht genauer als Sie es sich jetzt noch vorstellen können. Warum haben Sie etwas mit Psychiatrie zu tun? Ganz einfach, weil es jeden treffen kann. Auch ganz ohne jedes Verschulden. Sie glauben das nicht? Dann lesen Sie die Biographie über Herrn Emil Johannes Pfautsch und Sie werden sehen, daß es uns alle betrifft. Jeden Menschen kann es auf einen Schlag treffen. Unverschuldet, einfach so. Gerade so, wie es entsprechenden einflußreichen Stellen lieb ist. Wissen Sie, was Psychiatrie für die Betroffenen bedeutet? Lesen Sie hier einen erschütternden Erfahrungsbericht über einen Menschen, der bereits in jungen Jahren unschuldig in die Fänge der Psychiatrie gerutscht ist. Seither versucht er zu seinem Recht zu kommen. Bisher ohne Erfolg. Keine Justiz, keine Menschenrechtsorganisation konnte ihm bisher helfen. Sie glauben, das seien Ausnahmen? Es ist mittlerweile die Regel, unliebsame Personen (aus welchem Grunde auch immer) „abzuschieben". Tausende Menschen alleine in Deutschland sind davon betroffen. In diesem Buch wird eine kleine Auswahl an Fallbeispielen gezeigt. Wissen Sie mit welchen Methoden die Betroffenen behandelt werden? Es gibt verschiedene sog. Therapieformen. Die bekanntesten sind das Verabreichen von Psychopharmaka und die Anwendung der Elektroschocktherapie. Kennen Sie die Nebenwirkungen der Psychopharmaka? Den Betroffenen werden Psychopharmaka verabreicht. Diese Medikamente haben eine lange Liste von Nebenwirkungen, wie z.B. Depressionen, Sprechstörungen., Halluzinationen, Verwirrtheit, Suizid, Krampfanfälle, Gefäßverschlüsse, usw. Lesen Sie hier eine Auswahl von Nebenwirkungen einiger Wirkstoffe. Stellvertretend für Tausende Opfer wird hier der Leidensweg des Emil Johannes Pfautsch beschrieben. Sein Leben ist geprägt von Drogenfolter und Elektroschocks in der Psychiatrie. Den meisten seiner Mitmenschen war und ist er völlig gleichgültig, niemand hat ihm jemals geholfen, auch keine Menschenrechtsorganisation. Über den Mißbrauch der Psychiatrie ist in der Öffentlichkeit wenig bekannt. Deshalb soll dieses Buch darüber aufklären und außerdem ein Gespür für das Leid der Betroffenen vermitteln. Lesen Sie hier, was wirklich hinter dem Geheimnis der Psychiatrie steckt.

Autor: Peter Lay
ISBN: 978-3842368613
Softcover
Preis: 19,95 €

Manfred Heymann
Wahre Weisheiten Band 2:
Warum es letztendlich Kriege gibt und Leid

Das Buch stellt eine Sammlung von wahren Weisheiten der christlichen Religion dar mit direktem Bezug zum Menschen und seiner individuellen Persönlichkeit. Es werden unter anderem ein Beweis für die Existenz Gottes und der Seele gegeben. Hilfen für das Gottverständnis und das Weltgeschehen finden sich hier ebenso wie die Hintergründe des vielen Leids auf der Erde. Ein großes Anliegen des Autors ist es auch, auf das Thema Abreibung einzugehen und das Wehklagen der kleinen ermordeten Würmchen, die zum Himmel schreien, aufzuzeigen. Der Autor geht auch darauf ein, wie man Gott und die Naturwissenschaften gemeinsam verstehen kann. Für den Autor, Manfred Heymann, stellt dieses Buch sein größtes Lebenswerk dar; er möchte damit allen Suchenden eine Hilfe bieten.

Autor: Manfred Heymann
Herausgeber: Peter Lay
ISBN: 978-3741242144
Softcover
Preis: 6,99 €

Dieses Buch ist auch in englischer Übersetzung erhältlich.
Why there are ultimately wars and suffering: True Wisdom – Volume 2
Autor: Manfred Heymann
Herausgeber: Peter Lay
ISBN: 978-1679683510
Softcover
Preis: 9,65 €

EXODUS:
Interdisciplinary Study of Ecological Life-Support Systems in a Multi-Generation Spaceship

Overpopulation on earth encounters all of us increasingly due to about 8 milliards of people in 2019. Family planning, birth control, sterilisation, castration, wars and other ideas are discussed all over the world, but none of these ideas are great for mankind. A second planet earth is not available yet. On the other hand, there are a lot of non-habitable places in space: our moon, planets and their satellites, asteroids and, of course, free space. Colonizing space bodies and looking for a life and the ecological systems there is the only exercise we can do. Effective searching for new homes on other space bodies can only be carried out by traversing the universe with a multi-generation spaceship which is discussed here. This technical paper is mainly focused on the technical background of an encapsulated ecosystem in a multi-generation spaceship to maintain life on board. An informative book for scientists, engineers, technicians, amateurs and many other interested readers. Many people asked for republishing this bestselling report. Now it is available again as facsimile print of the original.

Autor: Peter Lay, PhD
ISBN: 978-1081553470
Softcover
Preis: 10,69 €